湖南科技统计年鉴 2021

HUNAN KEJI TONGJI NIANJIAN 2021

湖南省科学技术厅
湖南省统计局 编

中南大学出版社
www.csupress.com.cn
·长沙·

《湖南科技统计年鉴 2021》编辑委员会

编辑说明

《湖南科技统计年鉴2021》收集了湖南省2020年度的科技统计数据，较为全面、系统地反映了科技活动现状，是研究我省科技数据规律和发展趋势的工具书。

全书共分为六个部分。第一部分综合统计数据，主要为全省有关经济、科技活动的综合统计数据；第二部分为科研机构科技活动统计数据；第三部分为高等学校科技活动统计数据；第四部分为工业企业科技活动统计数据；第五部分为高新技术产业发展状况统计数据；第六部分为科技成果产出统计数据。

本年鉴根据最新统计口径，将历年获国家科技奖励数、地方财政科技支出占地方财政支出比重进行统一调整。表中的符号使用说明："#"表示其中的主要项；"-"表示指标数据不详、无该项统计数据或数据不足最小计量单位。

本年鉴在编辑过程中，得到了省教育厅、省人力资源和社会保障厅、省市场监督管理局等单位的大力支持，基础数据的采集也得到了省科技厅相关处室的大力协助，在此表示感谢。

由于科技统计涉及面广、统计数据繁杂，在编辑过程中如有疏漏和不妥之处，谨请读者批评指正。

编者

2022年3月

目录

第一部分　综合

表 1-1　湖南省国民经济主要指标(2016—2020 年) …… 3
表 1-2　全省科技概况(2016—2020 年) …… 4
表 1-3　各类专业技术人员(2016—2020 年) …… 6
表 1-4　地方财政科技支出按地区分组(2016—2020 年) …… 7
表 1-5　地方财政科技支出占地方财政支出比重按地区分组(2016—2020 年) …… 7
表 1-6　全省 R&D 活动基本情况(2020 年) …… 8
表 1-7　R&D 人员情况(2020 年) …… 9
表 1-8　R&D 人员全时当量情况(2020 年) …… 10
表 1-9　按经费来源分 R&D 经费内部支出情况(2020 年) …… 11
表 1-10　按支出用途分 R&D 经费内部支出情况(2020 年) …… 12
表 1-11　按活动类型分 R&D 经费内部支出情况(2020 年) …… 13
表 1-12　R&D 经费内部支出按地区分组(2016—2020 年) …… 14
表 1-13　R&D 经费投入占 GDP 比重按地区分组(2016—2020 年) …… 14
表 1-14　R&D 活动产出情况(2020 年) …… 15
表 1-15　高新技术产业情况(2016—2020 年) …… 16
表 1-16　各级科技计划项目进入技术市场总体情况(2016—2020 年) …… 16
表 1-17　各级科技计划项目进入技术市场分类情况(2020 年) …… 17
表 1-18　科技成果分单位情况(2020 年) …… 18

第二部分　科研机构

表 2-1　全省科研机构概况(2016—2020 年) …… 21
表 2-2　科研机构 R&D 人员情况(2020 年) …… 22

表 2-3　科研机构按活动类型分 R&D 经费情况(2020 年)　…… 23
表 2-4　科研机构按支出用途分 R&D 经费情况(2020 年)　…… 24
表 2-5　科研机构按经费来源分 R&D 经费情况(2020 年)　…… 25
表 2-6　科研机构 R&D 经费外部支出情况(2020 年)　…… 26
表 2-7　科研机构 R&D 产出情况(2020 年)　…… 27
表 2-8　科学研究和技术服务业非企业单位机构、人员和经费概况　…… 28
表 2-9　经费概况　…… 32
表 2-10　从业人员概况 …… 36
表 2-11　从业人员按工作性质分 …… 40
表 2-12　科技活动人员按学历分 …… 44
表 2-13　科技活动人员按职称分 …… 48
表 2-14　经费收入 …… 52
表 2-15　科技活动政府资金收入 …… 56
表 2-16　科技活动非政府资金收入 …… 60
表 2-17　经费支出 …… 64
表 2-18　科技经常日常性支出 …… 68
表 2-19　科技经费资产性支出 …… 72
表 2-20　科研基建 …… 76
表 2-21　固定资产 …… 80
表 2-22　科学仪器设备 …… 84
表 2-23　科技课题概况 …… 88
表 2-24　课题经费内部支出按活动类型分布 …… 96
表 2-25　课题人员折合全时工作量按活动类型分　…… 104
表 2-26　R&D 人员　…… 112
表 2-27　R&D 人员折合全时工作量　…… 116
表 2-28　R&D 经费内部支出按活动类型和来源分　…… 120
表 2-29　R&D 经费内部支出按经费类别分 …… 124
表 2-30　R&D 经费外部支出　…… 128
表 2-31　R&D 日常性支出　…… 130
表 2-32　专利　…… 134
表 2-33　论文、著作及其他科技产出　…… 137
表 2-34　对外科技服务　…… 141

第三部分 高等学校

表 3-1 高等学校基本情况(2016—2020 年) …… 147
表 3-2 高等学校 R&D 人员情况(2020 年) …… 147
表 3-3 高等学校按活动类型分 R&D 经费情况(2020 年) …… 148
表 3-4 高等学校按支出用途分 R&D 经费情况(2020 年) …… 149
表 3-5 高等学校按经费来源分 R&D 经费情况(2020 年) …… 150
表 3-6 高等学校 R&D 经费外部支出情况(2020 年) …… 151
表 3-7 高等学校 R&D 产出情况(2020 年) …… 152

第四部分 工业企业

表 4-1 规模以上工业企业科技活动情况(2020 年) …… 155
表 4-2 规模以上工业企业 R&D 人员情况(2020 年) …… 156
表 4-3 规模以上工业企业按经费来源分 R&D 经费内部支出情况(2020 年) …… 159
表 4-4 规模以上工业企业按支出用途分 R&D 经费内部支出情况(2020 年) …… 162
表 4-5 规模以上工业企业科技活动产出情况(2020 年) …… 165
表 4-6 大中型工业企业科技活动情况(2020 年) …… 168
表 4-7 大中型工业企业 R&D 人员情况(2020 年) …… 169
表 4-8 大中型工业企业按经费来源分 R&D 经费内部支出情(2020 年) …… 172
表 4-9 大中型工业企业按支出用途分 R&D 经费内部支出情况(2020 年) …… 175
表 4-10 大中型工业企业科技活动产出情况(2020 年) …… 178

第五部分 高新技术产业

表 5-1 全省高新技术产业发展情况(2020 年) …… 183
表 5-2 高新技术产业发展情况按地区分组(2020 年) …… 184
表 5-3 高新技术企业当年认定数按地区分组(2016—2020 年) …… 184
表 5-4 高新技术企业数按地区分组(2016—2020 年) …… 185
表 5-5 高新技术产业总产值按地区分组(2016—2020 年) …… 185
表 5-6 高新技术产业增加值按地区分组(2016—2020 年) …… 186
表 5-7 高新技术产业增加值占 GDP 的比重按地区分组(2016—2020 年) …… 186

第六部分　科技成果产出

表 6-1　专利申请及授权数(2016—2020 年) …… 189
表 6-2　专利申请数按地区分组(2016—2020 年) …… 189
表 6-3　发明专利申请数按地区分组(2016—2020 年) …… 190
表 6-4　专利授权数按地区分组(2016—2020 年) …… 190
表 6-5　发明专利授权数按地区分组(2016—2020 年) …… 191
表 6-6　有效发明专利数按地区分组(2016—2020 年) …… 191
表 6-7　万人有效发明专利拥有数按地区分组(2016—2020 年) …… 192
表 6-8　技术市场成交合同数(2016—2020 年) …… 192
表 6-9　技术市场技术输出地域(合同数)按地区分组(2016—2020 年) …… 193
表 6-10　技术市场成交额(2016—2020 年) …… 193
表 6-11　技术市场技术输出地域(合同金额)按地区分组(2016—2020 年) …… 194
表 6-12　科技成果情况(2016—2020 年) …… 195
表 6-13　湖南省获国家级科技奖励情况(2016—2020 年) …… 196
表 6-14　湖南省获奖成果情况(2016—2020 年) …… 196

第一部分　综合

表 1-1 湖南省国民经济主要指标(2016—2020 年)

指标名称	计量单位	2016 年	2017 年	2018 年	2019 年	2020 年
总面积	万平方公里	21.18	21.18	21.18	21.18	21.18
耕地面积	万公顷	414.88	415.10	415.50	—	—
地区生产总值(GDP)	亿元	31551.37	33902.96	36425.78	39752.12	41781.49
第一产业	亿元	3578.37	2998.40	3083.59	3646.95	4240.44
第二产业	亿元	13341.17	14145.49	14453.54	14946.98	15937.69
第三产业	亿元	14631.83	16759.07	18888.65	21158.19	21603.36
人均地区生产总值	元/人	46382	49558	52949	57540	62900
农林牧渔业总产值	亿元	6081.92	5213.48	5361.62	6405.06	7511.96
全省人口数	万人	7318.81	7296.26	7326.62	7319.53	7295.58
从业人员数	万人	3920.41	3817.22	3738.58	3666.48	3280.00
在岗职工人数	万人	523.97	520.37	496.78	541.95	554.24
第一产业	万人	1587.32	1515.16	1462.38	1409.24	836.00
第二产业	万人	912.16	871.17	836.44	810.04	884.00
第三产业	万人	1420.93	1430.89	1439.76	1447.20	1560.00
实际利用外商直接投资	万美元	1285208	1447489	1619134	1810127	2099782
地方财政收入	亿元	2697.88	2757.82	2860.84	3007.15	3008.66
一般公共预算支出	亿元	6339.16	6869.39	7479.61	8034.42	8403.13
在岗职工工资总额	亿元	3111.00	3375.91	3606.06	4137.00	4501.49
在岗职工平均工资	元	60160	65994	73300	77563	82356
城镇居民人均可支配收入	元	31284	33948	36698	39842	41698
农村居民人均可支配收入	元	11930	12926	14093	15395	16585
城镇居民人均消费支出	元	21420	23163	25064	26924	26796
农村居民人均消费支出	元	10630	11534	12721	13969	14974
规模以上工业企业营业收入	亿元	38314.28	38934.23	35420.85	37919.60	38914.75
规模以上工业企业利润总额	亿元	1953.67	2093.98	1726.95	2227.27	2559.92
规模以上工业企业单位数	个	14384	15197	16055	16562	18239
大中型工业企业单位数	个	2448	2270	2247	1821	1728
大型企业	个	221	241	229	172	164
中型企业	个	2227	2029	2018	1649	1564

表 1-2　全省科技概况(2016—2020 年)

指标名称	计量单位	2016 年	2017 年	2018 年	2019 年	2020 年
各类专业技术人员数	万人	98. 41	97. 56	98. 74	100. 60	103. 43
自然科学	万人	86. 94	87. 72	87. 37	87. 91	90. 25
社会科学	万人	11. 48	9. 85	11. 37	12. 69	13. 17
地方财政科技支出	亿元	71. 44	91. 42	129. 94	171. 92	220. 66
地方财政科技支出占地方财政支出比重	%	1. 13	1. 33	1. 74	2. 14	2. 63
R&D 人员	万人	19. 11	20. 51	23. 42	24. 91	26. 99
R&D 人员折合全时工作量	万人年	11. 93	13. 08	14. 69	15. 73	17. 76
其中：研究人员	万人年	5. 51	5. 88	6. 67	7. 41	8. 03
R&D 经费内部支出	亿元	468. 84	568. 53	658. 27	787. 16	898. 70
按经费来源划分 R&D 经费						
政府资金	亿元	56. 32	70. 49	83. 60	88. 59	118. 58
企业资金	亿元	404. 08	488. 21	561. 41	681. 28	769. 50
境外资金	亿元	1. 07	0. 29	2. 34	0. 25	0. 13
其他资金	亿元	7. 37	9. 54	10. 93	17. 05	10. 49
按执行部门划分 R&D 经费						
科研机构	亿元	21. 57	31. 81	34. 76	39. 02	42. 56
高等学校	亿元	26. 42	30. 11	44. 28	66. 92	81. 74
企业	亿元	418. 12	503. 09	574. 49	673. 20	764. 27
事业单位	亿元	2. 73	3. 52	4. 75	8. 03	10. 13
按活动类型划分 R&D 经费						
基础研究	亿元	13. 10	16. 21	22. 78	31. 51	34. 48
应用研究	亿元	49. 37	58. 71	72. 49	86. 97	111. 14
试验发展	亿元	406. 37	493. 61	563. 00	668. 68	753. 08
R&D 占 GDP 比重	%	1. 50	1. 68	1. 81	1. 98	2. 15
高新技术企业数	个	2328	2828	4104	6287	8631
高新技术产业增加值	亿元	6859. 18	8119. 95	8468. 05	9472. 89	9800. 31
高新技术产业增加值占 GDP 比重	%	21. 95	23. 95	23. 25	23. 83	23. 46
获国家级科技奖励	项	15	26	27	31	15
国家科技进步奖	项	12	22	18	23	13
国家技术发明奖	项	2	3	7	5	1
国家自然科学奖	项	1	1	2	3	1
省级科技奖励	项	204	209	218	280	258
省科技进步奖	项	138	154	148	180	152

续表1-2

指标名称	计量单位	2016年	2017年	2018年	2019年	2020年
省自然科学奖	项	45	41	48	74	83
省技术发明奖	项	21	14	22	26	23
科技成果登记项目数	项	694	704	664	814	532
国际首创或领先	项	23	13	10	11	11
国际先进	项	63	45	28	35	30
国内首创或领先	项	166	86	71	76	43
国内先进	项	66	35	25	33	11
专利申请数	项	67779	77934	94503	106113	137415
发明	项	25524	31365	35414	39104	55017
实用新型	项	29635	33073	43361	48462	63114
外观设计	项	12620	13496	15728	18547	19284
专利批准数	项	34050	37916	48957	54685	78723
发明	项	6967	7909	8261	8479	11537
实用新型	项	18452	20337	29132	32699	49052
外观设计	项	8631	9670	11564	13507	18134
技术合同签订项数	项	3976	5723	6044	9023	11741
技术合同签订金额	亿元	105.62	203.11	281.67	490.69	735.95
科研机构数	个	123	119	116	105	105
重点实验室	个	180	222	266	324	357
国家级	个	16	18	18	18	19
省级	个	164	204	248	306	338
工程技术研究中心	个	257	299	356	443	469
国家级	个	14	14	14	14	14
省级	个	243	285	342	429	455
众创空间	个	83	159	152	186	240
国家级	个	30	49	48	48	63
省级	个	53	110	104	138	177
科技企业孵化器	个	66	81	72	79	97
国家级	个	16	19	19	24	26
省级	个	50	62	53	55	71
星创天地	个	93	158	224	274	315
国家级	个	26	46	75	75	75
省级	个	67	112	149	199	240

表 1-3　各类专业技术人员(2016—2020 年)

计量单位：人

项目	2016 年			2017 年			2018 年			2019 年			2020 年		
	合计	企业	事业	合计	企业	事业	合计	企业	事业	合计	企业	事业	合计	企业	事业
总计	984125	96677	887448	975633	99005	876628	987435	102449	884986	1005952	103212	902740	1034286	106212	928074
#高级职称	117472	4936	112536	129187	5322	123865	140228	5429	134799	151827	5503	146324	161693	5503	156190
中级职称	441580	26854	414726	432027	27426	404601	428394	28367	400027	431070	30407	400663	437059	30407	406652
#女性	477252	33449	443803	482770	34279	448491	504494	35504	438990	517659	37659	480000	543245	37659	505586
#自然科学	869356	40898	828458	877156	42843	834313	873717	44226	829491	879077	44973	834104	902537	44973	857564
#社会及人文科学	114769	55779	58990	98477	56162	42315	113718	58223	55495	126875	58239	68636	131749	61239	70510

注：此表未包括国家机关与人民团体中的专业技术人员。2008 年起，本表数据不含中央在湘单位，国有单位改为公有经济企业，集体单位改为事业单位(下表同)。事业单位自然科学和社会及人文科学只统计正式在册人员。

表 1-4　地方财政科技支出按地区分组(2016—2020 年)

计量单位：亿元

地区	2016 年	2017 年	2018 年	2019 年	2020 年
全省	71.44	91.42	129.94	171.92	220.66
长沙市	24.61	29.32	36.19	49.25	55.45
株洲市	6.61	12.00	17.63	25.87	36.40
湘潭市	3.87	7.00	11.69	12.99	17.33
衡阳市	2.14	3.24	4.43	5.21	11.55
邵阳市	2.32	1.73	3.38	4.78	7.07
岳阳市	5.47	5.46	8.32	11.62	13.96
常德市	2.33	5.47	8.26	9.83	10.41
张家界市	0.49	0.64	0.83	0.94	1.89
益阳市	1.47	2.69	3.84	4.83	6.37
郴州市	4.35	4.36	7.82	9.10	12.37
永州市	2.32	4.51	5.22	7.45	10.28
怀化市	1.93	4.38	5.53	8.55	12.84
娄底市	0.87	1.19	2.56	3.69	5.20
湘西州	1.05	1.26	1.74	2.23	3.23

表 1-5　地方财政科技支出占地方财政支出比重按地区分组(2016—2020 年)

计量单位：%

地区	2016 年	2017 年	2018 年	2019 年	2020 年
全省	1.13	1.33	1.74	2.14	2.63
长沙市	2.36	2.48	2.78	3.45	3.69
株洲市	1.63	2.68	3.86	4.94	7.75
湘潭市	1.50	2.49	3.80	4.10	5.91
衡阳市	0.40	0.61	0.83	0.87	2.00
邵阳市	0.49	0.34	0.62	0.82	1.20
岳阳市	1.27	1.12	1.57	2.18	2.57
常德市	0.50	1.12	1.51	1.62	1.70
张家界市	0.34	0.42	0.47	0.50	0.95
益阳市	0.47	0.80	1.08	1.26	1.65
郴州市	1.08	1.10	1.87	2.07	2.66
永州市	0.58	1.04	1.13	1.50	2.05
怀化市	0.52	1.07	1.20	1.82	2.67
娄底市	0.33	0.43	0.84	1.15	1.58
湘西州	0.39	0.43	0.53	0.64	0.90

表 1-6　全省 R&D 活动基本情况(2020 年)

项目	计量单位	总计	科研机构	高等学校	工业企业	非工业企业	事业单位
有 R&D 活动的单位数	个	9073	85	205	7970	701	112
R&D 人员	人	269908	7978	53418	175293	28863	4356
#女性	人	70409	2410	22052	38984	5483	1480
#全时人员	人	178127	6744	20257	128621	19984	2521
R&D 人员全时当量	人年	177561	7309	24103	121550	21209	3390
基础研究人员	人年	13127	1057	10695	538	547	289
应用研究人员	人年	24777	1801	12294	7538	2040	1105
试验发展人员	人年	139660	4451	1115	113474	18622	1998
R&D 经费内部支出	万元	8987001	425627	817361	6713759	928971	101284
#政府资金	万元	1185786	336094	500295	264229	21151	64018
按支出用途分							
日常性支出	万元	8521557	350609	672475	6515683	905767	77023
#人员劳务费	万元	2840098	114815	281338	1872766	523353	47827
资产性支出	万元	465444	75018	144886	198075	23204	24261
按活动类型分							
基础研究支出	万元	344758	38984	246003	29506	14336	15928
应用研究支出	万元	1111401	161740	511797	348493	62294	27078
试验发展支出	万元	7530842	224903	59560	6335760	852341	58278
R&D 经费外部支出	万元	428468	108863	48626	243259	27118	602

表 1-7 R&D 人员情况(2020 年)

项目	有 R&D 活动的单位数(个)	R&D 人员(人)	女性	全时人员	非全时人员
总计	9073	269908	70409	178127	91781
按执行部门分组					
科研机构	85	7978	2410	6744	1234
高等学校	205	53418	22052	20257	33161
企业	8671	204156	44467	148605	55551
工业企业	7970	175293	38984	128621	46672
非工业企业	701	28863	5483	19984	8879
事业单位	112	4356	1480	2521	1835
按国民经济行业分组					
农、林、牧、渔业	19	119	9	67	52
采矿业	167	3117	571	2101	1016
制造业	7657	169146	37787	124739	44407
电力、燃气及水的生产和供应业	146	3030	626	1781	1249
建筑业	146	13199	1482	7798	5401
交通运输、仓储和邮政业	34	567	127	421	146
信息传输、计算机服务和软件业	142	4368	1071	3426	942
金融业	3	244	37	191	53
租赁和商务服务业	52	548	185	449	99
科学研究、技术服务和地质勘查业	374	18852	5018	15104	3748
水利、环境和公共设施管理业	28	477	122	333	144
教育	205	53418	22052	20257	33161
卫生、社会保障和社会福利业	50	1975	1131	719	1256
文化、体育和娱乐业	50	848	191	741	107
按地区分组					
长沙市	2130	115532	30148	77411	38121
株洲市	605	23831	5678	17617	6214
湘潭市	720	23080	5645	12989	10091
衡阳市	888	21488	5371	14524	6964
邵阳市	706	9073	2727	5767	3306
岳阳市	511	11693	2375	7525	4168
常德市	700	13652	3596	9231	4421
张家界市	120	1216	408	823	393
益阳市	590	11125	3580	7054	4071
郴州市	432	9212	2469	6399	2813
永州市	637	10364	3233	6344	4020
怀化市	445	7587	2365	4869	2718
娄底市	503	9296	1940	5937	3359
湘西州	86	2759	874	1637	1122

表 1-8　R&D 人员全时当量情况（2020 年）

计量单位：人年

项目	R&D 人员全时当量	基础研究人员	应用研究人员	试验发展人员
总计	177561	13127	24777	139660
按执行部门分组				
科研机构	7309	1057	1801	4451
高等学校	24103	10695	12294	1115
企业	142759	1085	9578	132096
工业企业	121550	538	7538	113474
非工业企业	21209	547	2040	18622
事业单位	3390	289	1105	1998
按国民经济行业分组				
农、林、牧、渔业	79	—	—	79
采矿业	2194	—	134	2061
制造业	117257	523	7315	109419
电力、燃气及水的生产和供应业	2098	15	90	1994
建筑业	9857	103	551	9204
交通运输、仓储和邮政业	455	—	15	440
信息传输、计算机服务和软件业	3445	156	251	3038
金融业	100	—	—	100
租赁和商务服务业	342	—	32	309
科学研究、技术服务和地质勘查业	15350	1506	3591	10253
水利、环境和公共设施管理业	316	—	55	261
教育	24103	10695	12294	1115
卫生、社会保障和社会福利业	1252	116	441	697
文化、体育和娱乐业	713	12	10	691
按地区分组				
长沙市	77129	8189	11537	57407
株洲市	15193	271	1720	13201
湘潭市	14890	1472	2031	11386
衡阳市	14215	1286	1531	11397
邵阳市	5578	143	568	4868
岳阳市	7062	240	1756	5066
常德市	8834	310	475	8049
张家界市	828	31	49	747
益阳市	7131	89	1008	6034
郴州市	6119	82	1280	4757
永州市	6785	187	476	6121
怀化市	5537	465	1341	3731
娄底市	6681	138	649	5896
湘西州	1580	225	355	999

表 1-9　按经费来源分 R&D 经费内部支出情况(2020 年)

计量单位：万元

项目	R&D 经费内部支出	政府资金	企业资金	境外资金	其他
总计	8987001	1185786	7695031	1329	104856
按执行部门分组					
科研机构	425627	336094	40582	28	48923
高等学校	817361	500295	283838	292	32935
企业	7642730	285379	7352343	978	4029
工业企业	6713759	264229	6444719	802	4010
非工业企业	928971	21151	907624	177	19
事业单位	101284	64018	18268	30	18969
按国民经济行业分组					
农、林、牧、渔业	1835	298	1527	—	10
采矿业	84233	408	83793	33	—
制造业	6503388	263496	6235507	769	3616
电力、燃气及水的生产和供应业	126138	326	125419	—	394
建筑业	442936	3381	439555	—	—
交通运输、仓储和邮政业	25224	257	24958	—	9
信息传输、计算机服务和软件业	121110	2501	118609	—	—
金融业	2506	—	2506	—	—
租赁和商务服务业	17648	212	17436	—	—
科学研究、技术服务和地质勘查业	731978	392355	271499	235	67889
水利、环境和公共设施管理业	14309	444	13865	—	—
教育	817361	500295	283838	292	32935
卫生、社会保障和社会福利业	48965	21194	27769	—	3
文化、体育和娱乐业	49371	620	48751	—	—
按地区分组					
长沙市	3575208	627877	2880496	551	66283
株洲市	1015382	323435	678994	—	12953
湘潭市	591689	65010	523563	—	3116
衡阳市	634314	72815	550521	33	10945
邵阳市	280303	7181	273079	—	44
岳阳市	626289	11203	613420	—	1666
常德市	564606	13295	548832	745	1734
张家界市	39399	2070	37308	—	22
益阳市	349381	10609	338455	—	316
郴州市	304091	10240	293538	—	313
永州市	342774	10975	329432	—	2367
怀化市	311237	15170	291417	—	4650
娄底市	301489	3911	297465	—	113
湘西州	50837	11995	38511	—	331

表 1-10 按支出用途分 R&D 经费内部支出情况(2020 年)

计量单位：万元

项目	R&D 经费内部支出	日常性支出	人员劳务费	资产性支出
总计	8987001	8521557	2840098	465444
按执行部门分组				
科研机构	425627	350609	114815	75018
高等学校	817361	672475	281338	144886
企业	7642730	7421450	2396119	221280
工业企业	6713759	6515683	1872766	198075
非工业企业	928971	905767	523353	23204
事业单位	101284	77023	47827	24261
按国民经济行业分组				
农、林、牧、渔业	1835	1443	343	392
采矿业	84233	82297	23015	1936
制造业	6503388	6317046	1826132	186342
电力、燃气及水的生产和供应业	126138	116340	23620	9798
建筑业	442936	438164	220664	4772
交通运输、仓储和邮政业	25224	25071	9720	153
信息传输、计算机服务和软件业	121110	116205	75043	4905
金融业	2506	1232	1107	1275
租赁和商务服务业	17648	17339	6140	310
科学研究、技术服务和地质勘查业	731978	632066	320090	99912
水利、环境和公共设施管理业	14309	12717	6186	1591
教育	817361	672475	281338	144886
卫生、社会保障和社会福利业	48965	42082	20484	6883
文化、体育和娱乐业	49371	47080	26218	2291
按地区分组				
长沙市	3575208	3363900	1459455	211308
株洲市	1015382	956538	303071	58844
湘潭市	591689	560558	180877	31131
衡阳市	634314	567699	184740	66615
邵阳市	280303	272547	73145	7757
岳阳市	626289	610547	135858	15742
常德市	564606	547688	105255	16918
张家界市	39399	36346	9697	3053
益阳市	349381	340497	89201	8884
郴州市	304091	293443	73401	10649
永州市	342774	337172	80763	5602
怀化市	311237	299564	52711	11673
娄底市	301489	285781	76308	15708
湘西州	50837	49276	15615	1562

表 1-11　按活动类型分 R&D 经费内部支出情况（2020 年）

计量单位：万元

项目	R&D 经费内部支出	基础研究	应用研究	试验发展
总计	8987001	344758	1111401	7530842
按执行部门分组				
科研机构	425627	38984	161740	224903
高等学校	817361	246003	511797	59560
企业	7642730	43842	410787	7188101
工业企业	6713759	29506	348493	6335760
非工业企业	928971	14336	62294	852341
事业单位	101284	15928	27078	58278
按国民经济行业分组				
农、林、牧、渔业	1835	—	—	1835
采矿业	84233	—	9848	74386
制造业	6503388	29162	333756	6140470
电力、燃气及水的生产和供应业	126138	344	4889	120904
建筑业	442936	2540	17625	422771
交通运输、仓储和邮政业	25224	—	490	24734
信息传输、计算机服务和软件业	121110	1098	6303	113709
金融业	2506	—	—	2506
租赁和商务服务业	17648	1	1102	16546
科学研究、技术服务和地质勘查业	731978	50586	216224	465169
水利、环境和公共设施管理业	14309	—	886	13422
教育	817361	246003	511797	59560
卫生、社会保障和社会福利业	48965	14922	7585	26459
文化、体育和娱乐业	49371	103	897	48372
按地区分组				
长沙市	3575208	213842	450718	2910648
株洲市	1015382	7304	166149	841930
湘潭市	591689	19581	52895	519213
衡阳市	634314	46398	74780	513136
邵阳市	280303	3966	15880	260458
岳阳市	626289	18926	147990	459372
常德市	564606	7011	19396	538198
张家界市	39399	888	638	37874
益阳市	349381	3481	39498	306402
郴州市	304091	3110	59364	241617
永州市	342774	6726	20106	315941
怀化市	311237	6970	36787	267480
娄底市	301489	2158	18511	280820
湘西州	50837	4397	8688	37752

表 1-12　R&D 经费内部支出按地区分组(2016—2020 年)

计量单位：亿元

地区	2016 年	2017 年	2018 年	2019 年	2020 年
全省	468.84	568.53	658.27	787.16	898.70
长沙市	198.71	247.98	265.86	316.18	357.52
株洲市	47.30	52.41	75.23	87.44	101.54
湘潭市	31.48	38.14	40.71	50.85	59.17
衡阳市	23.49	30.12	37.98	46.16	63.43
邵阳市	15.51	18.79	22.04	20.95	28.03
岳阳市	51.66	57.23	55.20	59.18	62.63
常德市	35.59	35.48	36.20	49.16	56.46
张家界市	1.14	1.59	1.66	2.93	3.94
益阳市	14.67	18.92	28.03	33.66	34.94
郴州市	20.43	25.12	27.88	27.58	30.41
永州市	8.52	13.10	25.43	31.40	34.28
怀化市	6.48	12.32	21.68	28.23	31.12
娄底市	12.77	15.91	18.26	29.00	30.15
湘西州	1.11	1.41	2.10	4.43	5.08

表 1-13　R&D 经费投入占 GDP 比重按地区分组(2016—2020 年)

计量单位：%

地区	2016 年	2017 年	2018 年	2019 年	2020 年
全省	1.50	1.68	1.81	1.98	2.15
长沙市	2.13	2.43	2.42	2.73	2.94
株洲市	1.88	2.07	2.86	2.91	3.27
湘潭市	1.71	1.90	1.88	2.25	2.53
衡阳市	0.82	1.03	1.25	1.37	1.81
邵阳市	1.02	1.15	1.24	0.97	1.25
岳阳市	1.67	1.83	1.62	1.57	1.57
常德市	1.20	1.14	1.07	1.36	1.51
张家界市	0.23	0.30	0.29	0.53	0.71
益阳市	0.99	1.18	1.59	1.88	1.89
郴州市	0.93	1.15	1.17	1.14	1.21
永州市	0.54	0.79	1.41	1.56	1.63
怀化市	0.46	0.88	1.43	1.75	1.86
娄底市	0.91	1.13	1.19	1.77	1.79
湘西州	0.21	0.25	0.35	0.63	0.70

表 1-14　R&D 活动产出情况（2020 年）

项目	专利申请数（件）	发明专利	有效发明专利数（件）	发表科技论文（篇）
总计	58267	25572	64682	73474
按执行部门分组				
科研机构	741	519	2019	2421
高等学校	15069	7116	16449	64199
企业	42283	17852	45927	6086
工业企业	36432	15299	39898	3078
非工业企业	5851	2553	6029	3008
事业单位	174	85	287	768
按国民经济行业分组				
农、林、牧、渔业	5	2	3	12
采矿业	261	90	135	22
制造业	35328	14777	38645	2556
电力、燃气及水的生产和供应业	843	432	1118	500
建筑业	1658	390	978	1264
交通运输、仓储和邮政业	69	21	69	5
信息传输、计算机服务和软件业	994	552	834	41
金融业	—	—	—	1
租赁和商务服务业	80	33	95	—
科学研究、技术服务和地质勘查业	3505	1920	5772	4436
水利、环境和公共设施管理业	181	63	223	36
教育	15069	7116	16449	64199
卫生、社会保障和社会福利业	131	46	65	402
文化、体育和娱乐业	143	130	296	—
按地区分组				
长沙市	27274	12893	35542	49426
株洲市	7516	3634	9952	3778
湘潭市	3926	1702	4893	5600
衡阳市	3178	1254	2268	4552
邵阳市	1826	460	917	1140
岳阳市	1925	798	2258	768
常德市	3075	1518	2797	1867
张家界市	501	114	276	124
益阳市	2465	945	1540	1225
郴州市	1345	475	1280	846
永州市	1570	618	725	1363
怀化市	1798	516	776	1090
娄底市	1450	544	830	863
湘西州	418	101	628	832

表 1-15　高新技术产业情况(2016—2020 年)

指标名称	计量单位	2016 年	2017 年	2018 年	2019 年	2020 年
高新技术企业数	个	2328	2828	4104	6287	8631
高新技术产业总产值	亿元	24584.00	28496.23	28833.05	32089.87	34503.34
高新技术产业增加值	亿元	6859.18	8119.95	8468.05	9472.89	9800.31
高新技术产业增加值占 GDP 比重	%	21.95	23.95	23.25	23.83	23.46
高新技术产业营业收入	亿元	22861.58	27369.74	27478.78	29980.62	32249.95
高新技术产业利税总额	亿元	1635.33	2121.43	2147.81	2319.88	2830.85
#利润总额	亿元	932.50	1357.66	1380.09	1545.15	1854.84

表 1-16　各级科技计划项目进入技术市场总体情况(2016—2020 年)

计量单位：项

指标名称	2016 年	2017 年	2018 年	2019 年	2020 年
总计	3976	5723	6044	9023	11741
国家部门计划	37	98	78	161	366
省级计划(含地市县计划)	289	337	554	941	1079
计划外	3650	5288	5412	7901	10250

表 1-17　各级科技计划项目进入技术市场分类情况(2020 年)

开发类别	总计	国家计划	部门计划	省、自治区、直辖市及计划单列市计划	地市县计划	计划外
项目个数合计(项)	11741	254	112	318	761	10250
#机关法人	10	—	—	2	1	7
事业法人	3273	188	40	142	258	2622
社团法人	58	—	—	—	4	54
企业法人	8327	66	72	174	497	7495
自然人	21	—	—	—	—	21
其他组织	52	—	—	—	1	51
金额合计(万元)	7359497.10	348581.01	52408.26	492551.99	322336.18	6138331.16
#机关法人	2739.59	—	—	20.00	230.00	2489.59
事业法人	351981.26	139469.10	691.20	17830.75	34156.43	158711.57
社团法人	19095.52	—	—	—	1657.12	17438.40
企业法人	6969359.02	209111.91	51717.06	474701.24	286092.63	5943569.90
自然人	2937.10	—	—	—	—	2937.10
其他组织	13384.60	—	—	—	200.00	13184.60

表 1-18　科技成果分单位情况(2020 年)

计量单位：项

项目	总计	科研院所	大专院校	工矿企业	其他
项目基本情况					
登记项目数	532	33	44	433	22
#基础理论成果	2	—	1	—	1
软科学成果	35	12	4	5	14
应用技术成果	495	21	39	428	7
#鉴定项目数	9	2	2	5	—
奖励项目数	—	—	—	—	—
项目计划管理情况					
国家计划项目	23	8	6	8	1
省部计划项目	92	20	14	39	19
计划外项目	417	5	24	386	2
应用成果水平					
国际首创或领先	11	3	2	6	—
国际先进	30	2	6	22	—
国内首创或领先	43	1	3	37	2
国内先进	11	2	1	6	2
其他	400	13	27	357	3

第二部分　科研机构

表 2-1　全省科研机构概况(2016—2020 年)

指标名称	计量单位	2016 年	2017 年	2018 年	2019 年	2020 年
机构数	个	123	119	116	105	105
有 R&D 活动单位	个	103	97	93	82	85
R&D 人员	人	7744	7835	7888	7833	7978
其中：全时人员	人	5852	6373	6664	6602	6744
R&D 人员折合全时工作量	人年	6667	6970	7268	7186	7309
其中：基础研究人员	人年	723	761	923	932	1057
应用研究人员	人年	2324	2648	2881	2477	1801
试验发展人员	人年	3620	3561	3464	3777	4451
R&D 经费内部支出	万元	215739	318066	347618	390164	425627
按活动类型分						
其中：基础研究	万元	14252	18412	26364	30406	38984
应用研究	万元	72954	99919	143849	151452	161740
试验发展	万元	128532	199735	177405	208306	224903
按支出用途分						
其中：日常性支出	万元	183423	264061	301567	314622	350609
资产性支出	万元	32316	54006	46051	75542	75018
按经费来源分						
其中：政府资金	万元	166453	231377	262575	311895	336094
企业资金	万元	31592	48308	50523	40193	40582
境外资金	万元	189	173	270	182	28
其他资金	万元	17505	38208	34250	37894	48923
R&D 经费外部支出	万元	34734	62660	50299	139246	108863
专利申请数	件	603	675	772	614	741
其中：发明专利	件	459	450	550	470	519
有效发明专利数	件	915	1483	2146	2012	2019

表 2-2　科研机构 R&D 人员情况(2020 年)

指标名称	有 R&D 活动单位(个)	R&D 人员(人)		R&D 人员折合全时当量(人年)
			全时人员	
总计	85	7978	6744	7309
按地市分组				
长沙市	44	5050	4054	4522
株洲市	2	1585	1572	1583
湘潭市	5	141	127	134
衡阳市	4	174	142	166
邵阳市	3	123	78	95
岳阳市	2	84	64	64
常德市	5	177	152	157
张家界市	1	13	6	10
益阳市	3	63	54	57
郴州市	2	138	127	135
永州市	4	145	116	130
怀化市	3	87	82	82
娄底市	2	64	58	62
湘西州	5	134	112	112

表 2-3　科研机构按活动类型分 R&D 经费情况(2020 年)

计量单位：万元

指标名称	R&D 经费内部支出			
		基础研究	应用研究	试验发展
总计	425627	38984	161740	224903
按地市分组				
长沙市	237757	33219	85534	119005
株洲市	162949	2638	71511	88800
湘潭市	3147	669	199	2279
衡阳市	3432	510	27	2894
邵阳市	2190	75	246	1869
岳阳市	972	433	148	391
常德市	2906	105	692	2109
张家界市	225	—	—	225
益阳市	742	—	183	559
郴州市	2971	192	1550	1230
永州市	4301	244	1191	2867
怀化市	1897	399	93	1405
娄底市	499	121	258	120
湘西州	1640	380	108	1152

表 2-4　科研机构按支出用途分 R&D 经费情况(2020 年)

计量单位：万元

指标名称	R&D 经费内部支出	日常性支出	人员劳务费	资产性支出
总计	425627	350609	114815	75018
按地市分组				
长沙市	237757	196783	76153	40974
株洲市	162949	131476	21014	31472
湘潭市	3147	2289	1864	858
衡阳市	3432	3308	2298	124
邵阳市	2190	2190	1844	—
岳阳市	972	400	307	572
常德市	2906	2807	2355	100
张家界市	225	217	170	8
益阳市	742	742	555	—
郴州市	2971	2891	2467	80
永州市	4301	3981	3018	320
怀化市	1897	1496	1256	401
娄底市	499	391	216	108
湘西州	1640	1639	1298	1

表 2-5 科研机构按经费来源分 R&D 经费情况(2020 年)

计量单位：万元

指标名称	R&D 经费内部支出	政府资金	企业资金	境外资金	其他资金
总计	425627	336094	40582	28	48923
按地市分组					
长沙市	237757	181150	21489	28	35090
株洲市	162949	132624	18886	—	11440
湘潭市	3147	2507	—	—	640
衡阳市	3432	3238	—	—	193
邵阳市	2190	2190	—	—	—
岳阳市	972	972	—	—	—
常德市	2906	2804	35	—	67
张家界市	225	225	—	—	—
益阳市	742	742	—	—	—
郴州市	2971	2829	142	—	—
永州市	4301	2905	—	—	1396
怀化市	1897	1897	—	—	—
娄底市	499	401	—	—	98
湘西州	1640	1610	30	—	—

表 2-6 科研机构 R&D 经费外部支出情况(2020 年)

计量单位：万元

指标名称	R&D 经费外部支出	对境内研究机构支出	对境内高等学校支出	对境内企业支出	对境外支出
总计	108863	10852	2559	95257	—
按地市分组					
长沙市	45253	4802	1742	38514	—
株洲市	63563	6020	817	56726	—
湘潭市	—	—	—	—	—
衡阳市	17	—	—	17	—
邵阳市	—	—	—	—	—
岳阳市	—	—	—	—	—
常德市	—	—	—	—	—
张家界市	—	—	—	—	—
益阳市	—	—	—	—	—
郴州市	—	—	—	—	—
永州市	30	30	—	—	—
怀化市	—	—	—	—	—
娄底市	—	—	—	—	—
湘西州	—	—	—	—	—

表 2-7 科研机构 R&D 产出情况(2020 年)

计量单位：件

指标名称	专利申请数		专利授权数		有效发明专利数
		发明专利		发明专利	
总计	741	519	485	283	2019
按地市分组					
长沙市	455	322	324	195	1272
株洲市	170	142	103	73	684
湘潭市	—	—	1	—	—
衡阳市	10	4	2	—	4
邵阳市	2	—	—	—	—
岳阳市	6	6	6	6	33
常德市	26	24	3	—	5
张家界市	—	—	—	—	—
益阳市	5	3	—	—	—
郴州市	14	3	14	1	3
永州市	10	3	3	1	2
怀化市	3	—	3	—	—
娄底市	37	11	25	6	15
湘西州	3	1	1	1	1

表 2–8　科学研究和技术服务业非企业单位机构、人员和经费概况

指标名称	机构数（个）	从业人员（人）	科技活动人员（不含外聘的流动学者和在读研究生）	
				本科及以上学历
总计	229	19417	12118	9104
按机构所属地域分布				
湖南省	229	19417	12118	9104
长沙市	81	12215	7329	6124
株洲市	6	137	101	62
湘潭市	15	767	635	477
衡阳市	10	886	316	154
邵阳市	8	263	219	117
岳阳市	11	818	597	437
常德市	24	808	715	343
张家界市	6	48	38	20
益阳市	13	300	188	105
郴州市	4	330	196	140
永州市	17	1141	676	342
怀化市	12	718	396	212
娄底市	10	218	176	116
湘西州	12	768	536	455
按机构所属隶属关系分布				
中央部门属	7	952	732	603
中国科学院	2	255	252	225
地方部门属	222	18465	11386	8501
省级部门属	62	9408	5911	4797
地市级部门属	72	3743	2594	1779
按机构从事的国民经济行业分布				
科学研究和技术服务业	229	19417	12118	9104
研究和试验发展	109	8909	6474	5040
专业技术服务业	43	8702	4393	3502
科技推广和应用服务业	77	1806	1251	562

续表2-8

指标名称	机构数（个）	从业人员（人）	科技活动人员（不含外聘的流动学者和在读研究生）	
				本科及以上学历
按机构服务的国民经济行业分布				
农、林、牧、渔业	94	5479	3700	2524
农业	44	2738	2113	1477
林业	25	1734	809	515
畜牧业	2	139	96	82
渔业	4	167	119	64
农、林、牧、渔专业及辅助性活动	19	701	563	386
采矿业	4	371	71	68
煤炭开采和洗选业	1	26	5	5
开采专业及辅助性活动	2	209	51	48
其他采矿业	1	136	15	15
制造业	9	353	220	160
农副食品加工业	1	47	47	40
纺织业	1	4	4	—
化学原料和化学制品制造业	3	83	59	36
医药制造业	1	159	69	69
专用设备制造业	2	46	38	13
计算机、通信和其他电子设备制造业	1	14	3	2
建筑业	1	110	95	81
土木工程建筑业	1	110	95	81
科学研究和技术服务业	108	11651	6872	5297
研究和试验发展	25	2658	1948	1578
专业技术服务业	34	7645	3794	3053
科技推广和应用服务业	49	1348	1130	666
水利、环境和公共设施管理业	7	863	680	566
水利管理业	3	274	158	128
生态保护和环境治理业	4	589	522	438
教育	3	108	108	97
教育	3	108	108	97
卫生和社会工作	2	448	338	281

续表2-8

指标名称	机构数（个）	从业人员（人）	科技活动人员（不含外聘的流动学者和在读研究生）	本科及以上学历
卫生	2	448	338	281
文化、体育和娱乐业	1	34	34	30
体育	1	34	34	30
按机构所属学科分布				
自然科学领域	29	4092	2747	2092
信息科学与系统科学	5	121	121	104
化学	4	295	122	111
天文学	1	56	21	21
地球科学	16	3162	2038	1449
生物学	3	458	445	407
农业科学领域	117	6358	4348	2717
农学	75	3934	2981	1924
林学	30	1851	908	570
畜牧、兽医科学	7	389	329	155
水产学	5	184	130	68
医学科学领域	6	1785	1099	919
预防医学与公共卫生学	2	588	484	393
药学	1	159	69	69
中医学与中药学	3	1038	546	457
工程科学与技术领域	47	6205	3008	2622
工程与技术科学基础学科	2	374	155	146
信息与系统科学相关工程与技术	1	5	5	—
自然科学相关工程与技术	3	453	332	319
测绘科学技术	5	1812	217	211
矿山工程技术	3	480	271	200
冶金工程技术	1	102	35	32
能源科学技术	1	13	10	2
核科学技术	1	121	56	49
电子与通信技术	2	89	78	54
计算机科学技术	1	64	61	52

续表2-8

指标名称	机构数（个）	从业人员（人）	科技活动人员（不含外聘的流动学者和在读研究生）	
				本科及以上学历
化学工程	2	128	86	49
产品应用相关工程与技术	1	398	375	301
纺织科学技术	1	4	4	—
食品科学技术	4	246	183	160
土木建筑工程	1	110	95	81
水利工程	3	228	133	125
航空、航天科学技术	1	56	39	37
环境科学技术及资源科学技术	5	365	293	244
安全科学技术	1	1021	452	452
管理学	8	136	128	108
社会、人文科学领域	30	977	916	754
语言学	1	7	7	6
考古学	2	149	133	101
社会学	1	193	193	182
图书馆、情报与文献学	18	284	266	189
教育学	7	310	283	246
体育科学	1	34	34	30
按机构从业人员规模分				
≥1000人	1	1021	452	452
500~999人	4	2635	950	733
300~499人	11	4069	2229	1715
200~299人	6	1437	1081	935
100~199人	34	4686	3184	2459
50~99人	44	2997	2264	1618
30~49人	37	1370	966	623
20~29人	22	542	447	281
10~19人	35	468	371	193
0~9人	35	192	174	95

表 2-9 经费概况

计量单位：万元

指标名称	经费收入总额	科技活动收入	经费内部支出总额	科技经费内部支出
总计	715563	421436	738727	404060
按机构所属地域分布				
湖南省	715563	421436	738727	404060
长沙市	541113	301946	553016	285494
株洲市	3775	3370	4273	3164
湘潭市	25568	21354	27167	23986
衡阳市	29303	6494	29843	6002
邵阳市	5090	4297	5255	4136
岳阳市	20302	13337	20503	10568
常德市	15978	14289	17183	14588
张家界市	677	632	825	702
益阳市	4076	2813	4039	2995
郴州市	6577	5962	6261	4864
永州市	26886	22520	35152	24615
怀化市	19291	8791	18581	9268
娄底市	2595	2266	2562	1859
湘西州	14335	13365	14068	11820
按机构所属隶属关系分布				
中央部门属	43713	33098	49115	40893
中国科学院	18135	16571	22659	21731
地方部门属	671851	388338	689612	363167
省级部门属	392986	209543	393091	202556
地市级部门属	105882	82885	106650	68958
按机构从事的国民经济行业分布				
科学研究和技术服务业	715563	421436	738727	404060
研究和试验发展	375945	246019	382871	233822
专业技术服务业	303989	144463	314062	139030
科技推广和应用服务业	35629	30953	41793	31208

续表2-9

指标名称	经费收入总额	科技活动收入	经费内部支出总额	科技经费内部支出
按机构服务的国民经济行业分布				
农、林、牧、渔业	186081	136107	201259	143864
农业	96714	88939	104867	94681
林业	64196	25982	67919	24990
畜牧业	4476	2755	6767	5477
渔业	4543	3321	4988	3599
农、林、牧、渔专业及辅助性活动	16153	15110	16719	15118
采矿业	7778	1630	8206	2266
煤炭开采和洗选业	387	172	376	122
开采专业及辅助性活动	6551	890	6174	1068
其他采矿业	840	568	1656	1075
制造业	12820	8057	13634	11193
农副食品加工业	2319	2172	2274	2274
纺织业	14	14	51	51
化学原料和化学制品制造业	3778	1215	3626	2443
医药制造业	6139	4122	7089	5933
专用设备制造业	512	512	512	477
计算机、通信和其他电子设备制造业	58	22	84	16
建筑业	3210	2347	3318	1501
土木工程建筑业	3210	2347	3318	1501
科学研究和技术服务业	449777	230569	455515	206963
研究和试验发展	130945	63285	130463	69284
专业技术服务业	281651	132519	281244	102962
科技推广和应用服务业	37182	34765	43809	34717
水利、环境和公共设施管理业	37306	32202	38701	29994
水利管理业	9268	8091	8310	4145
生态保护和环境治理业	28037	24111	30391	25850
教育	3615	3264	3527	3320
教育	3615	3264	3527	3320

续表2-9

指标名称	经费收入总额	科技活动收入	经费内部支出总额	科技经费内部支出
卫生和社会工作	13676	6043	13124	3602
卫生	13676	6043	13124	3602
文化、体育和娱乐业	1301	1217	1442	1358
体育	1301	1217	1442	1358
按机构所属学科分布				
自然科学领域	145879	89997	148800	91544
信息科学与系统科学	4464	4252	2338	2182
化学	8365	3980	9005	5755
天文学	300	280	300	230
地球科学	109525	58943	108609	55838
生物学	23225	22542	28548	27538
农业科学领域	194798	143622	212611	148342
农学	111620	102301	118593	104117
林学	65547	26928	69503	26097
畜牧、兽医科学	12772	10807	19218	14328
水产学	4859	3586	5297	3800
医学科学领域	99600	29970	97252	35130
预防医学与公共卫生学	24513	15082	24348	16147
药学	6139	4122	7089	5933
中医学与中药学	68947	10766	65816	13051
工程科学与技术领域	237415	122952	241846	95871
工程与技术科学基础学科	7594	4016	8410	4151
信息与系统科学相关工程与技术	45	45	45	45
自然科学相关工程与技术	17897	11076	16441	10905
测绘科学技术	97757	19766	92017	10460
矿山工程技术	12329	7898	9999	6707
冶金工程技术	3858	396	3422	396
能源科学技术	92	40	92	40
核科学技术	4702	2547	4702	1499

续表2-9

指标名称	经费收入总额	科技活动收入	经费内部支出总额	科技经费内部支出
电子与通信技术	1994	1839	2012	1888
计算机科学技术	574	574	574	474
化学工程	1485	1409	2016	1391
产品应用相关工程与技术	11795	11795	15510	15308
纺织科学技术	14	14	51	51
食品科学技术	8394	7940	9664	6686
土木建筑工程	3210	2347	3318	1501
水利工程	9025	6815	7551	2878
航空、航天科学技术	3244	3244	4688	3695
环境科学技术及资源科学技术	14440	13098	16056	13394
安全科学技术	34649	24675	40788	10339
管理学	4318	3417	4490	4063
社会、人文科学领域	37871	34895	38217	33173
语言学	373	278	213	208
考古学	8073	8045	8946	8794
社会学	9411	7665	8075	5570
图书馆、情报与文献学	6880	6372	7322	6304
教育学	11834	11319	12220	10940
体育科学	1301	1217	1442	1358
按机构从业人员规模分				
≥1000 人	34649	24675	40788	10339
500~999 人	135970	21016	133926	24200
300~499 人	160915	80364	153908	67987
200~299 人	61920	47882	67730	51037
100~199 人	174518	124203	181182	124611
50~99 人	94248	81420	102705	80439
30~49 人	32356	25123	36401	27645
20~29 人	9241	7623	10474	8063
10~19 人	8644	6404	8437	7088
0~9 人	3103	2726	3175	2651

表 2-10　从业人员概况

计量单位：人

指标名称	从业人员	科技活动人员（不含外聘的流动学者和在读研究生）		外聘的流动学者	非本单位在读研究生	离退休人员
			女性			
总计	19417	12118	4127	253	600	13717
按机构所属地域分布						
湖南省	19417	12118	4127	253	600	13717
长沙市	12215	7329	2708	141	584	7774
株洲市	137	101	31	1	—	80
湘潭市	767	635	235	33	—	1111
衡阳市	886	316	102	13	3	564
邵阳市	263	219	65	—	—	169
岳阳市	818	597	296	—	—	349
常德市	808	715	97	2	9	656
张家界市	48	38	11	1	1	2
益阳市	300	188	44	40	—	155
郴州市	330	196	68	—	—	426
永州市	1141	676	145	7	—	673
怀化市	718	396	110	5	—	953
娄底市	218	176	60	10	3	46
湘西州	768	536	155	—	—	759
按机构所属隶属关系分布						
中央部门属	952	732	237	14	243	848
中国科学院	255	252	85	8	171	146
地方部门属	18465	11386	3890	239	357	12869
省级部门属	9408	5911	2314	133	334	7287
地市级部门属	3743	2594	884	22	3	2927
按机构从事的国民经济行业分布						
科学研究和技术服务业	19417	12118	4127	253	600	13717
研究和试验发展	8909	6474	2467	124	582	6508
专业技术服务业	8702	4393	1337	19	9	6367
科技推广和应用服务业	1806	1251	323	110	9	842

续表2-10

指标名称	从业人员	科技活动人员（不含外聘的流动学者和在读研究生）	女性	外聘的流动学者	非本单位在读研究生	离退休人员
按机构服务的国民经济行业分布						
农、林、牧、渔业	5479	3700	1210	138	371	4266
农业	2738	2113	663	50	308	2471
林业	1734	809	283	26	8	1072
畜牧业	139	96	24	—	6	106
渔业	167	119	34	—	—	100
农、林、牧、渔专业及辅助性活动	701	563	206	62	49	517
采矿业	371	71	11	—	—	383
煤炭开采和洗选业	26	5	—	—	—	3
开采专业及辅助性活动	209	51	8	—	—	188
其他采矿业	136	15	3	—	—	192
制造业	353	220	102	—	57	268
农副食品加工业	47	47	20	—	57	11
纺织业	4	4	4	—	—	83
化学原料和化学制品制造业	83	59	16	—	—	34
医药制造业	159	69	56	—	—	109
专用设备制造业	46	38	5	—	—	22
计算机、通信和其他电子设备制造业	14	3	1	—	—	9
建筑业	110	95	24	—	—	48
土木工程建筑业	110	95	24	—	—	48
科学研究和技术服务业	11651	6872	2245	115	166	8223
研究和试验发展	2658	1948	853	15	125	2049
专业技术服务业	7645	3794	1056	40	38	5684
科技推广和应用服务业	1348	1130	336	60	3	490
水利、环境和公共设施管理业	863	680	230	—	—	304
水利管理业	274	158	60	—	—	129
生态保护和环境治理业	589	522	170	—	—	175
教育	108	108	49	—	—	31
教育	108	108	49	—	—	31
卫生和社会工作	448	338	238	—	—	172

续表2-10

指标名称	从业人员	科技活动人员（不含外聘的流动学者和在读研究生）	女性	外聘的流动学者	非本单位在读研究生	离退休人员
卫生	448	338	238	—	—	172
文化、体育和娱乐业	34	34	18	—	6	22
体育	34	34	18	—	6	22
按机构所属学科分布						
自然科学领域	4092	2747	815	71	245	4414
信息科学与系统科学	121	121	55	—	—	44
化学	295	122	58	—	—	222
天文学	56	21	8	—	—	30
地球科学	3162	2038	525	37	29	3815
生物学	458	445	169	34	216	303
农业科学领域	6358	4348	1350	107	179	4670
农学	3934	2981	925	81	165	3204
林学	1851	908	304	26	8	1144
畜牧、兽医科学	389	329	87	—	6	222
水产学	184	130	34	—	—	100
医学科学领域	1785	1099	663	2	98	696
预防医学与公共卫生学	588	484	313	—	—	306
药学	159	69	56	—	—	109
中医学与中药学	1038	546	294	2	98	281
工程科学与技术领域	6205	3008	913	66	66	3396
工程与技术科学基础学科	374	155	26	9	1	13
信息与系统科学相关工程与技术	5	5	—	—	—	8
自然科学相关工程与技术	453	332	113	30	8	193
测绘科学技术	1812	217	47	—	—	709
矿山工程技术	480	271	82	—	—	878
冶金工程技术	102	35	7	—	—	169
能源科学技术	13	10	1	—	—	8
核科学技术	121	56	10	4	—	489
电子与通信技术	89	78	26	—	—	83
计算机科学技术	64	61	26	—	—	6

续表2-10

指标名称	从业人员	科技活动人员（不含外聘的流动学者和在读研究生）	女性	外聘的流动学者	非本单位在读研究生	离退休人员
化学工程	128	86	37	—	—	212
产品应用相关工程与技术	398	375	169	—	—	1
纺织科学技术	4	4	4	—	—	83
食品科学技术	246	183	101	—	57	82
土木建筑工程	110	95	24	—	—	48
水利工程	228	133	52	—	—	61
航空、航天科学技术	56	39	2	—	—	—
环境科学技术及资源科学技术	365	293	56	—	—	177
安全科学技术	1021	452	90	—	—	152
管理学	136	128	40	23	—	24
社会、人文科学领域	977	916	386	7	12	541
语言学	7	7	2	—	—	2
考古学	149	133	58	—	—	35
社会学	193	193	76	—	—	127
图书馆、情报与文献学	284	266	115	7	3	157
教育学	310	283	117	—	3	198
体育科学	34	34	18	—	6	22
按机构从业人员规模分						
≥1000 人	1021	452	90	—	—	152
500~999 人	2635	950	433	2	98	1463
300~499 人	4069	2229	755	—	8	2183
200~299 人	1437	1081	310	22	196	1229
100~199 人	4686	3184	1204	49	148	5123
50~99 人	2997	2264	741	65	6	2026
30~49 人	1370	966	306	60	135	699
20~29 人	542	447	127	—	—	296
10~19 人	468	371	106	24	4	344
0~9 人	192	174	55	31	5	202

表 2-11　从业人员按工作性质分

计量单位：人

指标名称	从业人员	科技活动人员（不含外聘的流动学者和在读研究生）	科技管理人员	课题活动人员	科技服务人员	生产经营活动人员	其他人员
总计	19417	12118	2078	6765	3275	5534	1765
按机构所属地域分布							
湖南省	19417	12118	2078	6765	3275	5534	1765
长沙市	12215	7329	1098	4620	1611	3969	917
株洲市	137	101	25	61	15	16	20
湘潭市	767	635	158	251	226	36	96
衡阳市	886	316	54	158	104	497	73
邵阳市	263	219	46	84	89	33	11
岳阳市	818	597	169	338	90	87	134
常德市	808	715	72	165	478	53	40
张家界市	48	38	10	17	11	9	1
益阳市	300	188	47	65	76	64	48
郴州市	330	196	44	100	52	70	64
永州市	1141	676	128	310	238	321	144
怀化市	718	396	85	212	99	207	115
娄底市	218	176	33	92	51	29	13
湘西州	768	536	109	292	135	143	89
按机构所属隶属关系分布							
中央部门属	952	732	104	445	183	139	81
中国科学院	255	252	27	168	57	—	3
地方部门属	18465	11386	1974	6320	3092	5395	1684
省级部门属	9408	5911	1091	3787	1033	2613	884
地市级部门属	3743	2594	500	1298	796	759	390
按机构从事的国民经济行业分布							
科学研究和技术服务业	19417	12118	2078	6765	3275	5534	1765
研究和试验发展	8909	6474	1152	4077	1245	1565	870
专业技术服务业	8702	4393	580	2283	1530	3590	719
科技推广和应用服务业	1806	1251	346	405	500	379	176

续表2-11

指标名称	从业人员	科技活动人员(不含外聘的流动学者和在读研究生)				生产经营活动人员	其他人员
			科技管理人员	课题活动人员	科技服务人员		
按机构服务的国民经济行业分布							
农、林、牧、渔业	5479	3700	704	2118	878	1130	649
农业	2738	2113	364	1229	520	297	328
林业	1734	809	192	465	152	719	206
畜牧业	139	96	20	41	35	28	15
渔业	167	119	22	63	34	39	9
农、林、牧、渔专业及辅助性活动	701	563	106	320	137	47	91
采矿业	371	71	16	44	11	270	30
煤炭开采和洗选业	26	5	1	4	—	13	8
开采专业及辅助性活动	209	51	10	39	2	148	10
其他采矿业	136	15	5	1	9	109	12
制造业	353	220	34	111	75	28	105
农副食品加工业	47	47	2	31	14	—	—
纺织业	4	4	4	—	—	—	—
化学原料和化学制品制造业	83	59	16	29	14	19	5
医药制造业	159	69	9	50	10	—	90
专用设备制造业	46	38	1	—	37	—	8
计算机、通信和其他电子设备制造业	14	3	2	1	—	9	2
建筑业	110	95	18	68	9	—	15
土木工程建筑业	110	95	18	68	9	—	15
科学研究和技术服务业	11651	6872	1109	3722	2041	4007	772
研究和试验发展	2658	1948	294	1265	389	512	198
专业技术服务业	7645	3794	531	2024	1239	3383	468
科技推广和应用服务业	1348	1130	284	433	413	112	106
水利、环境和公共设施管理业	863	680	65	396	219	62	121
水利管理业	274	158	28	122	8	39	77
生态保护和环境治理业	589	522	37	274	211	23	44
教育	108	108	18	75	15	—	—

续表2-11

指标名称	从业人员	科技活动人员(不含外聘的流动学者和在读研究生)				生产经营活动人员	其他人员
			科技管理人员	课题活动人员	科技服务人员		
教育	108	108	18	75	15	—	—
卫生和社会工作	448	338	107	210	21	37	73
卫生	448	338	107	210	21	37	73
文化、体育和娱乐业	34	34	7	21	6	—	—
体育	34	34	7	21	6	—	—
按机构所属学科分布							
自然科学领域	4092	2747	422	1354	971	1105	240
信息科学与系统科学	121	121	51	43	27	—	—
化学	295	122	20	52	50	143	30
天文学	56	21	—	21	—	25	10
地球科学	3162	2038	314	902	822	937	187
生物学	458	445	37	336	72	—	13
农业科学领域	6358	4348	825	2285	1238	1241	769
农学	3934	2981	540	1576	865	425	528
林学	1851	908	210	496	202	734	209
畜牧、兽医科学	389	329	52	146	131	37	23
水产学	184	130	23	67	40	45	9
医学科学领域	1785	1099	184	779	136	462	224
预防医学与公共卫生学	588	484	110	291	83	20	84
药学	159	69	9	50	10	—	90
中医学与中药学	1038	546	65	438	43	442	50
工程科学与技术领域	6205	3008	428	1809	771	2707	490
工程与技术科学基础学科	374	155	23	107	25	150	69
信息与系统科学相关工程与技术	5	5	5	—	—	—	—
自然科学相关工程与技术	453	332	41	135	156	102	19
测绘科学技术	1812	217	44	144	29	1525	70
矿山工程技术	480	271	19	183	69	138	71
冶金工程技术	102	35	8	27	—	67	—
能源科学技术	13	10	2	3	5	3	—
核科学技术	121	56	6	48	2	21	44

续表2-11

指标名称	从业人员	科技活动人员(不含外聘的流动学者和在读研究生)				生产经营活动人员	其他人员
			科技管理人员	课题活动人员	科技服务人员		
电子与通信技术	89	78	13	59	6	9	2
计算机科学技术	64	61	30	29	2	—	3
化学工程	128	86	15	13	58	33	9
产品应用相关工程与技术	398	375	52	206	117	—	23
纺织科学技术	4	4	4	—	—	—	—
食品科学技术	246	183	23	64	96	—	63
土木建筑工程	110	95	18	68	9	—	15
水利工程	228	133	26	97	10	71	24
航空、航天科学技术	56	39	5	27	7	15	2
环境科学技术及资源科学技术	365	293	31	202	60	4	68
安全科学技术	1021	452	3	356	93	569	—
管理学	136	128	60	41	27	—	8
社会、人文科学领域	977	916	219	538	159	19	42
语言学	7	7	—	—	7	—	—
考古学	149	133	28	64	41	—	16
社会学	193	193	69	124	—	—	—
图书馆、情报与文献学	284	266	70	134	62	2	16
教育学	310	283	45	195	43	17	10
体育科学	34	34	7	21	6	—	—
按机构从业人员规模分							
≥1000 人	1021	452	3	356	93	569	—
500~999 人	2635	950	149	703	98	1598	87
300~499 人	4069	2229	301	1062	866	1624	216
200~299 人	1437	1081	134	727	220	189	167
100~199 人	4686	3184	557	1838	789	802	700
50~99 人	2997	2264	478	1144	642	383	350
30~49 人	1370	966	185	506	275	222	182
20~29 人	542	447	106	255	86	59	36
10~19 人	468	371	94	119	158	81	16
0~9 人	192	174	71	55	48	7	11

表 2–12　科技活动人员按学历分

计量单位：人

指标名称	科技活动人员（不含外聘的流动学者和在读研究生）	学历				
		博士	硕士	本科	大专	其他
总计	12118	773	2592	5739	1964	1050
按机构所属地域分布						
湖南省	12118	773	2592	5739	1964	1050
长沙市	7329	710	2123	3291	841	364
株洲市	101	1	7	54	22	17
湘潭市	635	4	85	388	95	63
衡阳市	316	1	33	120	89	73
邵阳市	219	—	14	103	74	28
岳阳市	597	12	50	375	122	38
常德市	715	4	68	271	177	195
张家界市	38	—	2	18	15	3
益阳市	188	—	27	78	58	25
郴州市	196	—	37	103	43	13
永州市	676	2	43	297	247	87
怀化市	396	—	31	181	97	87
娄底市	176	39	27	50	33	27
湘西州	536	—	45	410	51	30
按机构所属隶属关系分布						
中央部门属	732	195	170	238	62	67
中国科学院	252	135	62	28	3	24
地方部门属	11386	578	2422	5501	1902	983
省级部门属	5911	490	1494	2813	807	307
地市级部门属	2594	52	437	1290	538	277
按机构从事的国民经济行业分布						
科学研究和技术服务业	12118	773	2592	5739	1964	1050
研究和试验发展	6474	705	1660	2675	893	541
专业技术服务业	4393	59	836	2607	619	272
科技推广和应用服务业	1251	9	96	457	452	237

续表2-12

指标名称	科技活动人员（不含外聘的流动学者和在读研究生）	学历				
		博士	硕士	本科	大专	其他
按机构服务的国民经济行业分布						
农、林、牧、渔业	3700	485	784	1255	720	456
农业	2113	331	454	692	361	275
林业	809	63	143	309	220	74
畜牧业	96	7	35	40	8	6
渔业	119	4	26	34	38	17
农、林、牧、渔专业及辅助性活动	563	80	126	180	93	84
采矿业	71	3	15	50	2	1
煤炭开采和洗选业	5	—	1	4	—	—
开采专业及辅助性活动	51	—	9	39	2	1
其他采矿业	15	3	5	7	—	—
制造业	220	19	72	69	42	18
农副食品加工业	47	14	17	9	7	—
纺织业	4	—	—	—	3	1
化学原料和化学制品制造业	59	—	11	25	14	9
医药制造业	69	5	44	20	—	—
专用设备制造业	38	—	—	13	17	8
计算机、通信和其他电子设备制造业	3	—	—	2	1	—
建筑业	95	2	28	51	14	—
土木工程建筑业	95	2	28	51	14	—
科学研究和技术服务业	6872	228	1392	3677	1034	541
研究和试验发展	1948	156	512	910	238	132
专业技术服务业	3794	51	723	2279	481	260
科技推广和应用服务业	1130	21	157	488	315	149
水利、环境和公共设施管理业	680	34	240	292	90	24
水利管理业	158	9	48	71	27	3
生态保护和环境治理业	522	25	192	221	63	21
教育	108	—	22	75	5	6
教育	108	—	22	75	5	6

续表2-12

指标名称	科技活动人员（不含外聘的流动学者和在读研究生）	学历				
		博士	硕士	本科	大专	其他
卫生和社会工作	338	1	23	257	53	4
卫生	338	1	23	257	53	4
文化、体育和娱乐业	34	1	16	13	4	—
体育	34	1	16	13	4	—
按机构所属学科分布						
自然科学领域	2747	216	550	1326	407	248
信息科学与系统科学	121	4	44	56	17	—
化学	122	10	47	54	11	—
天文学	21	—	3	18	—	—
地球科学	2038	33	346	1070	364	225
生物学	445	169	110	128	15	23
农业科学领域	4348	347	804	1566	1004	627
农学	2981	271	575	1078	630	427
林学	908	63	151	356	237	101
畜牧、兽医科学	329	9	52	94	97	77
水产学	130	4	26	38	40	22
医学科学领域	1099	52	233	634	141	39
预防医学与公共卫生学	484	1	38	354	78	13
药学	69	5	44	20	—	—
中医学与中药学	546	46	151	260	63	26
工程科学与技术领域	3008	82	750	1790	303	83
工程与技术科学基础学科	155	2	26	118	9	—
信息与系统科学相关工程与技术	5	—	—	—	5	—
自然科学相关工程与技术	332	6	78	235	13	—
测绘科学技术	217	6	80	125	6	—
矿山工程技术	271	—	9	191	44	27
冶金工程技术	35	—	3	29	2	1
能源科学技术	10	—	—	2	5	3
核科学技术	56	—	9	40	7	—

续表2-12

指标名称	科技活动人员（不含外聘的流动学者和在读研究生）	学历				
		博士	硕士	本科	大专	其他
电子与通信技术	78	—	24	30	15	9
计算机科学技术	61	1	18	33	5	4
化学工程	86	—	4	45	29	8
产品应用相关工程与技术	375	7	93	201	56	18
纺织科学技术	4	—	—	—	3	1
食品科学技术	183	17	76	67	21	2
土木建筑工程	95	2	28	51	14	—
水利工程	133	9	51	65	8	—
航空、航天科学技术	39	9	15	13	2	—
环境科学技术及资源科学技术	293	18	96	130	43	6
安全科学技术	452	3	113	336	—	—
管理学	128	2	27	79	16	4
社会、人文科学领域	916	76	255	423	109	53
语言学	7	1	4	1	1	—
考古学	133	5	44	52	17	15
社会学	193	57	68	57	10	1
图书馆、情报与文献学	266	3	55	131	49	28
教育学	283	9	68	169	28	9
体育科学	34	1	16	13	4	—
按机构从业人员规模分						
≥1000 人	452	3	113	336	—	—
500~999 人	950	50	218	465	191	26
300~499 人	2229	32	390	1293	321	193
200~299 人	1081	207	277	451	103	43
100~199 人	3184	269	786	1404	433	292
50~99 人	2264	138	512	968	417	229
30~49 人	966	68	189	366	226	117
20~29 人	447	1	56	224	105	61
10~19 人	371	3	31	159	103	75
0~9 人	174	2	20	73	65	14

表 2-13　科技活动人员按职称分

计量单位：人

指标名称	科技活动人员（不含外聘的流动学者和在读研究生）	职称			
		高级职称	中级职称	初级职称	其他
总计	12118	3324	4327	2294	2173
按机构所属地域分布					
湖南省	12118	3324	4327	2294	2173
长沙市	7329	2394	2662	1167	1106
株洲市	101	29	29	16	27
湘潭市	635	95	216	158	166
衡阳市	316	89	82	48	97
邵阳市	219	51	78	38	52
岳阳市	597	145	238	151	63
常德市	715	111	201	154	249
张家界市	38	6	20	5	7
益阳市	188	32	59	55	42
郴州市	196	28	64	46	58
永州市	676	103	248	203	122
怀化市	396	72	116	94	114
娄底市	176	43	74	27	32
湘西州	536	126	240	132	38
按机构所属隶属关系分布					
中央部门属	732	293	213	111	115
中国科学院	252	120	75	34	23
地方部门属	11386	3031	4114	2183	2058
省级部门属	5911	1918	2117	1015	861
地市级部门属	2594	551	930	542	571
按机构从事的国民经济行业分布					
科学研究和技术服务业	12118	3324	4327	2294	2173
研究和试验发展	6474	2164	2208	999	1103
专业技术服务业	4393	1020	1726	950	697

续表2-13

指标名称	科技活动人员（不含外聘的流动学者和在读研究生）	职称			
		高级职称	中级职称	初级职称	其他
科技推广和应用服务业	1251	140	393	345	373
按机构服务的国民经济行业分布					
农、林、牧、渔业	3700	1116	1206	640	738
农业	2113	651	665	312	485
林业	809	211	288	172	138
畜牧业	96	47	27	14	8
渔业	119	39	43	32	5
农、林、牧、渔专业及辅助性活动	563	168	183	110	102
采矿业	71	37	21	11	2
煤炭开采和洗选业	5	3	2	—	—
开采专业及辅助性活动	51	21	17	11	2
其他采矿业	15	13	2	—	—
制造业	220	69	73	50	28
农副食品加工业	47	20	20	2	5
纺织业	4	—	3	—	1
化学原料和化学制品制造业	59	14	7	31	7
医药制造业	69	31	30	6	2
专用设备制造业	38	4	13	9	12
计算机、通信和其他电子设备制造业	3	—	—	2	1
建筑业	95	17	39	21	18
土木工程建筑业	95	17	39	21	18
科学研究和技术服务业	6872	1752	2583	1294	1243
研究和试验发展	1948	668	675	293	312
专业技术服务业	3794	951	1549	711	583
科技推广和应用服务业	1130	133	359	290	348
水利、环境和公共设施管理业	680	164	246	150	120
水利管理业	158	49	58	31	20
生态保护和环境治理业	522	115	188	119	100
教育	108	70	17	12	9

续表2-13

指标名称	科技活动人员（不含外聘的流动学者和在读研究生）	职称			
		高级职称	中级职称	初级职称	其他
教育	108	70	17	12	9
卫生和社会工作	338	92	132	111	3
卫生	338	92	132	111	3
文化、体育和娱乐业	34	7	10	5	12
体育	34	7	10	5	12
按机构所属学科分布					
自然科学领域	2747	784	996	524	443
信息科学与系统科学	121	24	42	16	39
化学	122	50	34	29	9
天文学	21	4	13	4	—
地球科学	2038	513	731	422	372
生物学	445	193	176	53	23
农业科学领域	4348	1124	1413	823	988
农学	2981	782	946	522	731
林学	908	221	319	193	175
畜牧、兽医科学	329	82	102	73	72
水产学	130	39	46	35	10
医学科学领域	1099	361	407	230	101
预防医学与公共卫生学	484	118	180	162	24
药学	69	31	30	6	2
中医学与中药学	546	212	197	62	75
工程科学与技术领域	3008	714	1243	583	468
工程与技术科学基础学科	155	40	73	42	—
信息与系统科学相关工程与技术	5	—	—	—	5
自然科学相关工程与技术	332	79	119	111	23
测绘科学技术	217	84	81	39	13
矿山工程技术	271	96	97	40	38
冶金工程技术	35	9	13	11	2
能源科学技术	10	—	3	7	—
核科学技术	56	7	22	27	—

续表2-13

指标名称	科技活动人员（不含外聘的流动学者和在读研究生）	职称			
		高级职称	中级职称	初级职称	其他
电子与通信技术	78	18	20	17	23
计算机科学技术	61	3	13	5	40
化学工程	86	21	31	27	7
产品应用相关工程与技术	375	43	113	101	118
纺织科学技术	4	—	3	—	1
食品科学技术	183	53	69	14	47
土木建筑工程	95	17	39	21	18
水利工程	133	51	55	7	20
航空、航天科学技术	39	6	1	—	32
环境科学技术及资源科学技术	293	61	115	73	44
安全科学技术	452	114	338	—	—
管理学	128	12	38	41	37
社会、人文科学领域	916	341	268	134	173
语言学	7	—	1	1	5
考古学	133	29	35	28	41
社会学	193	83	61	29	20
图书馆、情报与文献学	266	31	105	55	75
教育学	283	191	56	16	20
体育科学	34	7	10	5	12
按机构从业人员规模分					
≥1000人	452	114	338	—	—
500~999人	950	301	336	193	120
300~499人	2229	488	739	560	442
200~299人	1081	429	394	170	88
100~199人	3184	959	1098	500	627
50~99人	2264	613	727	408	516
30~49人	966	270	357	196	143
20~29人	447	92	147	136	72
10~19人	371	41	128	93	109
0~9人	174	17	63	38	56

表 2-14　经费收入

计量单位：万元

指标名称	经费收入总额	科技活动收入	生产经营活动收入	其他收入
总计	715563	421436	231517	62611
按机构所属地域分布				
湖南省	715563	421436	231517	62611
长沙市	541113	301946	197168	41999
株洲市	3775	3370	140	264
湘潭市	25568	21354	611	3602
衡阳市	29303	6494	16634	6175
邵阳市	5090	4297	53	740
岳阳市	20302	13337	6741	224
常德市	15978	14289	1053	636
张家界市	677	632	45	—
益阳市	4076	2813	805	458
郴州市	6577	5962	30	585
永州市	26886	22520	3611	755
怀化市	19291	8791	3670	6830
娄底市	2595	2266	285	45
湘西州	14335	13365	672	298
按机构所属隶属关系分布				
中央部门属	43713	33098	5598	5017
中国科学院	18135	16571	103	1461
地方部门属	671851	388338	225919	57594
省级部门属	392986	209543	141273	42170
地市级部门属	105882	82885	12140	10858
按机构从事的国民经济行业分布				
科学研究和技术服务业	715563	421436	231517	62611
研究和试验发展	375945	246019	96665	33260
专业技术服务业	303989	144463	131584	27942
科技推广和应用服务业	35629	30953	3267	1409

续表2-14

指标名称	经费收入总额	科技活动收入	生产经营活动收入	其他收入
按机构服务的国民经济行业分布				
农、林、牧、渔业	186081	136107	25658	24317
农业	96714	88939	1131	6644
林业	64196	25982	22219	15994
畜牧业	4476	2755	1044	678
渔业	4543	3321	1149	73
农、林、牧、渔专业及辅助性活动	16153	15110	115	928
采矿业	7778	1630	5526	622
煤炭开采和洗选业	387	172	211	4
开采专业及辅助性活动	6551	890	5055	606
其他采矿业	840	568	260	12
制造业	12820	8057	1061	3702
农副食品加工业	2319	2172	—	147
纺织业	14	14	—	—
化学原料和化学制品制造业	3778	1215	1025	1538
医药制造业	6139	4122	—	2017
专用设备制造业	512	512	—	—
计算机、通信和其他电子设备制造业	58	22	36	—
建筑业	3210	2347	—	863
土木工程建筑业	3210	2347	—	863
科学研究和技术服务业	449777	230569	188301	30907
研究和试验发展	130945	63285	57891	9769
专业技术服务业	281651	132519	129197	19935
科技推广和应用服务业	37182	34765	1214	1203
水利、环境和公共设施管理业	37306	32202	3508	1595
水利管理业	9268	8091	3	1174
生态保护和环境治理业	28037	24111	3505	421
教育	3615	3264	—	351
教育	3615	3264	—	351

续表2-14

指标名称	经费收入总额	科技活动收入	生产经营活动收入	其他收入
卫生和社会工作	13676	6043	7462	171
卫生	13676	6043	7462	171
文化、体育和娱乐业	1301	1217	—	84
体育	1301	1217	—	84
按机构所属学科分布				
自然科学领域	145879	89997	40612	15270
信息科学与系统科学	4464	4252	58	154
化学	8365	3980	2744	1641
天文学	300	280	—	20
地球科学	109525	58943	37810	12772
生物学	23225	22542	—	684
农业科学领域	194798	143622	26296	24880
农学	111620	102301	1811	7507
林学	65547	26928	22231	16388
畜牧、兽医科学	12772	10807	1054	912
水产学	4859	3586	1200	73
医学科学领域	99600	29970	63717	5913
预防医学与公共卫生学	24513	15082	6667	2765
药学	6139	4122	—	2017
中医学与中药学	68947	10766	57050	1131
工程科学与技术领域	237415	122952	100886	13577
工程与技术科学基础学科	7594	4016	3500	78
信息与系统科学相关工程与技术	45	45	—	—
自然科学相关工程与技术	17897	11076	5645	1176
测绘科学技术	97757	19766	72990	5001
矿山工程技术	12329	7898	1687	2744
冶金工程技术	3858	396	2935	526
能源科学技术	92	40	22	30
核科学技术	4702	2547	1467	688

续表2-14

指标名称	经费收入总额	科技活动收入	生产经营活动收入	其他收入
电子与通信技术	1994	1839	36	118
计算机科学技术	574	574	—	—
化学工程	1485	1409	—	76
产品应用相关工程与技术	11795	11795	—	—
纺织科学技术	14	14	—	—
食品科学技术	8394	7940	—	454
土木建筑工程	3210	2347	—	863
水利工程	9025	6815	2148	63
航空、航天科学技术	3244	3244	—	—
环境科学技术及资源科学技术	14440	13098	—	1342
安全科学技术	34649	24675	9944	30
管理学	4318	3417	512	389
社会、人文科学领域	37871	34895	6	2970
语言学	373	278	—	95
考古学	8073	8045	—	28
社会学	9411	7665	—	1746
图书馆、情报与文献学	6880	6372	6	502
教育学	11834	11319	—	515
体育科学	1301	1217	—	84
按机构从业人员规模分				
≥1000 人	34649	24675	9944	30
500~999 人	135970	21016	106188	8767
300~499 人	160915	80364	74816	5735
200~299 人	61920	47882	12123	1915
100~199 人	174518	124203	18822	31493
50~99 人	94248	81420	5896	6932
30~49 人	32356	25123	2336	4897
20~29 人	9241	7623	682	936
10~19 人	8644	6404	557	1682
0~9 人	3103	2726	152	224

表 2-15　科技活动政府资金收入

计量单位：万元

指标名称	科技活动收入	政府资金	财政拨款	承担政府科研项目收入	其他
总计	421436	333273	271722	52842	8709
按机构所属地域分布					
湖南省	421436	333273	271722	52842	8709
长沙市	301946	226783	177488	42038	7257
株洲市	3370	2868	2321	547	—
湘潭市	21354	17702	15012	1836	854
衡阳市	6494	6078	5282	617	179
邵阳市	4297	4267	3310	898	59
岳阳市	13337	12800	10127	2551	122
常德市	14289	13230	12604	622	5
张家界市	632	632	561	61	10
益阳市	2813	2800	2591	65	145
郴州市	5962	5355	5186	169	—
永州市	22520	20940	18501	2417	22
怀化市	8791	6929	6501	429	—
娄底市	2266	1626	1506	100	20
湘西州	13365	11264	10733	495	36
按机构所属隶属关系分布					
中央部门属	33098	25065	19518	3867	1680
中国科学院	16571	12734	7916	3138	1680
地方部门属	388338	308208	252204	48975	7029
省级部门属	209543	158662	119538	35552	3572
地市级部门属	82885	61374	50989	8657	1728
按机构从事的国民经济行业分布					
科学研究和技术服务业	421436	333273	271722	52842	8709
研究和试验发展	246019	183426	136479	39824	7123
专业技术服务业	144463	121402	109582	11790	30
科技推广和应用服务业	30953	28445	25661	1228	1556

续表2-15

指标名称	科技活动收入	政府资金			
			财政拨款	承担政府科研项目收入	其他
按机构服务的国民经济行业分布					
农、林、牧、渔业	136107	110944	72871	31781	6292
农业	88939	69176	45393	20521	3262
林业	25982	23422	13106	8672	1644
畜牧业	2755	1955	814	249	892
渔业	3321	3251	1791	1460	—
农、林、牧、渔专业及辅助性活动	15110	13141	11766	880	494
采矿业	1630	962	779	163	20
煤炭开采和洗选业	172	172	152	—	20
开采专业及辅助性活动	890	494	429	65	—
其他采矿业	568	296	198	98	—
制造业	8057	6965	5863	1043	59
农副食品加工业	2172	1621	705	916	—
纺织业	14	14	14	—	—
化学原料和化学制品制造业	1215	677	570	107	—
医药制造业	4122	4122	4122	—	—
专用设备制造业	512	512	452	—	59
计算机、通信和其他电子设备制造业	22	20	—	20	—
建筑业	2347	1516	901	112	504
土木工程建筑业	2347	1516	901	112	504
科学研究和技术服务业	230569	181714	163923	16098	1693
研究和试验发展	63285	55699	50232	5323	145
专业技术服务业	132519	93437	85118	8310	9
科技推广和应用服务业	34765	32578	28574	2466	1539
水利、环境和公共设施管理业	32202	21237	17515	3581	141
水利管理业	8091	4616	3417	1058	141
生态保护和环境治理业	24111	16621	14098	2523	—
教育	3264	3264	3264	—	—
教育	3264	3264	3264	—	—

续表2-15

指标名称	科技活动收入	政府资金	财政拨款	承担政府科研项目收入	其他
卫生和社会工作	6043	5453	5453	—	—
卫生	6043	5453	5453	—	—
文化、体育和娱乐业	1217	1217	1152	65	—
体育	1217	1217	1152	65	—
按机构所属学科分布					
自然科学领域	89997	76950	66721	8101	2127
信息科学与系统科学	4252	4000	3841	154	5
化学	3980	3378	3173	206	—
天文学	280	280	280	—	—
地球科学	58943	51557	47858	3699	—
生物学	22542	17736	11571	4043	2122
农业科学领域	143622	121517	85753	30055	5710
农学	102301	83627	60800	19674	3153
林学	26928	24368	14053	8672	1644
畜牧、兽医科学	10807	10007	8844	249	914
水产学	3586	3516	2056	1460	—
医学科学领域	29970	26411	25287	1125	—
预防医学与公共卫生学	15082	13091	13091	—	—
药学	4122	4122	4122	—	—
中医学与中药学	10766	9198	8074	1125	—
工程科学与技术领域	122952	77139	65895	10512	732
工程与技术科学基础学科	4016	3116	1000	2116	—
信息与系统科学相关工程与技术	45	45	45	—	—
自然科学相关工程与技术	11076	6213	5136	1077	—
测绘科学技术	19766	3462	2404	1050	9
矿山工程技术	7898	5028	4588	420	20
冶金工程技术	396	—	—	—	—
能源科学技术	40	—	—	—	—
核科学技术	2547	2547	2487	60	—

续表2-15

指标名称	科技活动收入	政府资金	财政拨款	承担政府科研项目收入	其他
电子与通信技术	1839	912	892	20	—
计算机科学技术	574	574	574	—	—
化学工程	1409	911	911	—	—
产品应用相关工程与技术	11795	5336	5301	35	—
纺织科学技术	14	14	14	—	—
食品科学技术	7940	6910	5720	1190	—
土木建筑工程	2347	1516	901	112	504
水利工程	6815	3282	2083	1058	141
航空、航天科学技术	3244	3219	3160	—	59
环境科学技术及资源科学技术	13098	6876	4528	2348	—
安全科学技术	24675	24675	24675	—	—
管理学	3417	2502	1475	1027	—
社会、人文科学领域	34895	31255	28066	3050	139
语言学	278	278	278	—	—
考古学	8045	5345	4064	1191	90
社会学	7665	7665	7344	320	—
图书馆、情报与文献学	6372	5433	4040	1343	50
教育学	11319	11319	11189	130	—
体育科学	1217	1217	1152	65	—
按机构从业人员规模分					
≥1000 人	24675	24675	24675	—	—
500~999 人	21016	20016	15095	4913	8
300~499 人	80364	51552	44961	6590	1
200~299 人	47882	31254	17681	10393	3180
100~199 人	124203	94922	77200	16150	1573
50~99 人	81420	73604	61085	9668	2851
30~49 人	25123	21616	16479	4278	859
20~29 人	7623	6836	6094	601	142
10~19 人	6404	6101	5865	180	57
0~9 人	2726	2696	2587	70	39

表 2-16　科技活动非政府资金收入

计量单位：万元

指标名称	科技活动收入	非政府资金		
			技术性收入	国外资金
总计	421436	88163	75982	588
按机构所属地域分布				
湖南省	421436	88163	75982	588
长沙市	301946	75163	66561	572
株洲市	3370	503	503	—
湘潭市	21354	3652	1688	—
衡阳市	6494	416	416	—
邵阳市	4297	30	30	—
岳阳市	13337	537	36	16
常德市	14289	1059	1059	—
张家界市	632	—	—	—
益阳市	2813	12	6	—
郴州市	5962	606	598	—
永州市	22520	1580	680	—
怀化市	8791	1862	1862	—
娄底市	2266	640	440	—
湘西州	13365	2102	2102	—
按机构所属隶属关系分布				
中央部门属	33098	8033	6885	15
中国科学院	16571	3837	3004	15
地方部门属	388338	80130	69097	573
省级部门属	209543	50881	44085	573
地市级部门属	82885	21511	17290	—
按机构从事的国民经济行业分布				
科学研究和技术服务业	421436	88163	75982	588
研究和试验发展	246019	62593	54413	588
专业技术服务业	144463	23061	19822	—
科技推广和应用服务业	30953	2508	1747	—

续表2-16

指标名称	科技活动收入	非政府资金	技术性收入	国外资金
按机构服务的国民经济行业分布				
农、林、牧、渔业	136107	25163	19671	40
农业	88939	19763	16375	40
林业	25982	2560	1309	—
畜牧业	2755	800	150	—
渔业	3321	70	68	—
农、林、牧、渔专业及辅助性活动	15110	1970	1770	—
采矿业	1630	668	668	—
煤炭开采和洗选业	172	—	—	—
开采专业及辅助性活动	890	396	396	—
其他采矿业	568	272	272	—
制造业	8057	1092	889	—
农副食品加工业	2172	552	349	—
纺织业	14	—	—	—
化学原料和化学制品制造业	1215	539	539	—
医药制造业	4122	—	—	—
专用设备制造业	512	—	—	—
计算机、通信和其他电子设备制造业	22	2	2	—
建筑业	2347	831	—	—
土木工程建筑业	2347	831	—	—
科学研究和技术服务业	230569	48854	43221	532
研究和试验发展	63285	7586	5495	—
专业技术服务业	132519	39082	36291	532
科技推广和应用服务业	34765	2187	1435	—
水利、环境和公共设施管理业	32202	10965	10959	—
水利管理业	8091	3475	3469	—
生态保护和环境治理业	24111	7490	7490	—
教育	3264	—	—	—
教育	3264	—	—	—

续表2-16

指标名称	科技活动收入	非政府资金	技术性收入	国外资金
卫生和社会工作	6043	590	573	16
卫生	6043	590	573	16
文化、体育和娱乐业	1217	—	—	—
体育	1217	—	—	—
按机构所属学科分布				
自然科学领域	89997	13047	10316	547
信息科学与系统科学	4252	253	253	—
化学	3980	602	602	—
天文学	280	—	—	—
地球科学	58943	7386	5488	532
生物学	22542	4806	3973	15
农业科学领域	143622	22105	17384	25
农学	102301	18675	15858	25
林学	26928	2560	1309	—
畜牧、兽医科学	10807	800	150	—
水产学	3586	70	68	—
医学科学领域	29970	3559	1579	16
预防医学与公共卫生学	15082	1991	10	16
药学	4122	—	—	—
中医学与中药学	10766	1568	1568	—
工程科学与技术领域	122952	45813	43064	—
工程与技术科学基础学科	4016	900	—	—
信息与系统科学相关工程与技术	45	—	—	—
自然科学相关工程与技术	11076	4863	4863	—
测绘科学技术	19766	16304	16304	—
矿山工程技术	7898	2870	2870	—
冶金工程技术	396	396	396	—
能源科学技术	40	40	40	—
核科学技术	2547	—	—	—

续表2-16

指标名称	科技活动收入	非政府资金	技术性收入	国外资金
电子与通信技术	1839	927	924	—
计算机科学技术	574	—	—	—
化学工程	1409	499	499	—
产品应用相关工程与技术	11795	6459	6459	—
纺织科学技术	14	—	—	—
食品科学技术	7940	1030	773	—
土木建筑工程	2347	831	—	—
水利工程	6815	3533	3527	—
航空、航天科学技术	3244	25	25	—
环境科学技术及资源科学技术	13098	6222	6222	—
安全科学技术	24675	—	—	—
管理学	3417	915	164	—
社会、人文科学领域	34895	3639	3639	—
语言学	278	—	—	—
考古学	8045	2700	2700	—
社会学	7665	—	—	—
图书馆、情报与文献学	6372	939	939	—
教育学	11319	—	—	—
体育科学	1217	—	—	—
按机构从业人员规模分				
≥1000 人	24675	—	—	—
500~999 人	21016	1000	1000	—
300~499 人	80364	28812	27896	16
200~299 人	47882	16628	12719	547
100~199 人	124203	29281	23817	25
50~99 人	81420	7815	7075	—
30~49 人	25123	3507	2366	—
20~29 人	7623	787	787	—
10~19 人	6404	303	292	—
0~9 人	2726	30	30	—

表 2-17　经费支出

计量单位：万元

指标名称	经费内部支出总额	科技经费内部支出	生产经营支出	其他支出
总计	738727	404060	257666	77001
按机构所属地域分布				
湖南省	738727	404060	257666	77001
长沙市	553016	285494	213219	54304
株洲市	4273	3164	607	502
湘潭市	27167	23986	671	2510
衡阳市	29843	6002	17500	6342
邵阳市	5255	4136	354	764
岳阳市	20503	10568	8385	1549
常德市	17183	14588	1452	1143
张家界市	825	702	83	40
益阳市	4039	2995	550	494
郴州市	6261	4864	55	1341
永州市	35152	24615	8885	1652
怀化市	18581	9268	4014	5300
娄底市	2562	1859	475	229
湘西州	14068	11820	1417	831
按机构所属隶属关系分布				
中央部门属	49115	40893	4792	3430
中国科学院	22659	21731	31	897
地方部门属	689612	363167	252874	73571
省级部门属	393091	202556	136712	53823
地市级部门属	106650	68958	24986	12706
按机构从事的国民经济行业分布				
科学研究和技术服务业	738727	404060	257666	77001
研究和试验发展	382871	233822	108875	40175
专业技术服务业	314062	139030	140687	34345
科技推广和应用服务业	41793	31208	8104	2481

续表2-17

指标名称	经费内部支出总额	科技经费内部支出	生产经营支出	其他支出
按机构服务的国民经济行业分布				
农、林、牧、渔业	201259	143864	21203	36192
农业	104867	94681	2025	8161
林业	67919	24990	17398	25531
畜牧业	6767	5477	649	641
渔业	4988	3599	885	503
农、林、牧、渔专业及辅助性活动	16719	15118	245	1356
采矿业	8206	2266	5247	693
煤炭开采和洗选业	376	122	241	12
开采专业及辅助性活动	6174	1068	4500	606
其他采矿业	1656	1075	506	75
制造业	13634	11193	1034	1408
农副食品加工业	2274	2274	—	—
纺织业	51	51	—	—
化学原料和化学制品制造业	3626	2443	989	194
医药制造业	7089	5933	—	1156
专用设备制造业	512	477	—	34
计算机、通信和其他电子设备制造业	84	16	45	24
建筑业	3318	1501	64	1754
土木工程建筑业	3318	1501	64	1754
科学研究和技术服务业	455515	206963	216479	32072
研究和试验发展	130463	69284	55150	6029
专业技术服务业	281244	102962	154710	23572
科技推广和应用服务业	43809	34717	6620	2472
水利、环境和公共设施管理业	38701	29994	5096	3611
水利管理业	8310	4145	1824	2341
生态保护和环境治理业	30391	25850	3272	1269
教育	3527	3320	—	207
教育	3527	3320	—	207

续表2-17

指标名称	经费内部支出总额	科技经费内部支出	生产经营支出	其他支出
卫生和社会工作	13124	3602	8544	979
卫生	13124	3602	8544	979
文化、体育和娱乐业	1442	1358	—	84
体育	1442	1358	—	84
按机构所属学科分布				
自然科学领域	148800	91544	43070	14186
信息科学与系统科学	2338	2182	20	137
化学	9005	5755	2421	829
天文学	300	230	50	20
地球科学	108609	55838	40579	12191
生物学	28548	27538	—	1011
农业科学领域	212611	148342	27272	36997
农学	118593	104117	4625	9851
林学	69503	26097	17809	25598
畜牧、兽医科学	19218	14328	3888	1002
水产学	5297	3800	951	546
医学科学领域	97252	35130	58463	3659
预防医学与公共卫生学	24348	16147	7453	748
药学	7089	5933	—	1156
中医学与中药学	65816	13051	51010	1755
工程科学与技术领域	241846	95871	126410	19565
工程与技术科学基础学科	8410	4151	3736	523
信息与系统科学相关工程与技术	45	45	—	—
自然科学相关工程与技术	16441	10905	3948	1588
测绘科学技术	92017	10460	74889	6668
矿山工程技术	9999	6707	2304	988
冶金工程技术	3422	396	2499	526
能源科学技术	92	40	22	30
核科学技术	4702	1499	1815	1388

续表2-17

指标名称	经费内部支出总额	科技经费内部支出	生产经营支出	其他支出
电子与通信技术	2012	1888	45	79
计算机科学技术	574	474	—	100
化学工程	2016	1391	229	396
产品应用相关工程与技术	15510	15308	—	203
纺织科学技术	51	51	—	—
食品科学技术	9664	6686	2069	909
土木建筑工程	3318	1501	64	1754
水利工程	7551	2878	3395	1278
航空、航天科学技术	4688	3695	780	213
环境科学技术及资源科学技术	16056	13394	100	2562
安全科学技术	40788	10339	30449	—
管理学	4490	4063	67	360
社会、人文科学领域	38217	33173	2451	2593
语言学	213	208	—	6
考古学	8946	8794	—	152
社会学	8075	5570	2205	300
图书馆、情报与文献学	7322	6304	116	902
教育学	12220	10940	130	1150
体育科学	1442	1358	—	84
按机构从业人员规模分				
≥1000人	40788	10339	30449	—
500~999人	133926	24200	91222	18504
300~499人	153908	67987	78416	7505
200~299人	67730	51037	11659	5034
100~199人	181182	124611	26832	29739
50~99人	102705	80439	12790	9477
30~49人	36401	27645	4484	4272
20~29人	10474	8063	991	1420
10~19人	8437	7088	655	694
0~9人	3175	2651	168	356

表 2-18 科技经常日常性支出

计量单位：万元

指标名称	科技经费内部支出	日常性支出	人员劳务费	其他日常性支出
总计	404060	333344	192613	140731
按机构所属地域分布				
湖南省	404060	333344	192613	140731
长沙市	285494	232184	132329	99856
株洲市	3164	2754	1656	1097
湘潭市	23986	17574	6405	11169
衡阳市	6002	5452	3159	2294
邵阳市	4136	3991	3136	854
岳阳市	10568	8581	5145	3437
常德市	14588	13677	10539	3137
张家界市	702	569	408	161
益阳市	2995	2600	1966	634
郴州市	4864	4522	3354	1168
永州市	24615	19693	9775	9918
怀化市	9268	8202	6259	1943
娄底市	1859	1727	1181	546
湘西州	11820	11819	7302	4517
按机构所属隶属关系分布				
中央部门属	40893	34132	18473	15660
中国科学院	21731	17773	9007	8767
地方部门属	363167	299212	174140	125072
省级部门属	202556	173153	99743	73410
地市级部门属	68958	59104	35347	23757
按机构从事的国民经济行业分布				
科学研究和技术服务业	404060	333344	192613	140731
研究和试验发展	233822	203175	115697	87477
专业技术服务业	139030	106496	63690	42807
科技推广和应用服务业	31208	23674	13227	10447

续表2-18

指标名称	科技经费内部支出	日常性支出	人员劳务费	其他日常性支出
按机构服务的国民经济行业分布				
农、林、牧、渔业	143864	121809	68739	53070
农业	94681	80902	42879	38023
林业	24990	21000	13319	7682
畜牧业	5477	2465	1549	916
渔业	3599	3208	1505	1704
农、林、牧、渔专业及辅助性活动	15118	14233	9488	4745
采矿业	2266	1336	973	363
煤炭开采和洗选业	122	122	96	26
开采专业及辅助性活动	1068	890	689	201
其他采矿业	1075	324	188	135
制造业	11193	7703	3472	4231
农副食品加工业	2274	2263	1128	1135
纺织业	51	51	22	29
化学原料和化学制品制造业	2443	875	494	382
医药制造业	5933	4022	1380	2642
专用设备制造业	477	477	434	44
计算机、通信和其他电子设备制造业	16	16	15	1
建筑业	1501	1456	1135	321
土木工程建筑业	1501	1456	1135	321
科学研究和技术服务业	206963	166875	98967	67908
研究和试验发展	69284	57571	29811	27761
专业技术服务业	102962	81351	54279	27072
科技推广和应用服务业	34717	27953	14877	13076
水利、环境和公共设施管理业	29994	26472	13336	13136
水利管理业	4145	3981	3215	766
生态保护和环境治理业	25850	22491	10121	12371
教育	3320	3320	2844	476
教育	3320	3320	2844	476

续表2-18

指标名称	科技经费内部支出	日常性支出	人员劳务费	其他日常性支出
卫生和社会工作	3602	3069	2559	511
卫生	3602	3069	2559	511
文化、体育和娱乐业	1358	1305	589	716
体育	1358	1305	589	716
按机构所属学科分布				
自然科学领域	91544	79085	46480	32605
信息科学与系统科学	2182	2176	1642	534
化学	5755	3338	2570	768
天文学	230	230	150	80
地球科学	55838	49920	29450	20470
生物学	27538	23422	12668	10753
农业科学领域	148342	124936	71234	53702
农学	104117	89365	50452	38913
林学	26097	22066	14188	7878
畜牧、兽医科学	14328	10099	4969	5130
水产学	3800	3406	1625	1781
医学科学领域	35130	25832	13508	12324
预防医学与公共卫生学	16147	12427	4555	7872
药学	5933	4022	1380	2642
中医学与中药学	13051	9384	7574	1809
工程科学与技术领域	95871	73015	46141	26874
工程与技术科学基础学科	4151	3993	1795	2199
信息与系统科学相关工程与技术	45	45	42	3
自然科学相关工程与技术	10905	9226	5899	3327
测绘科学技术	10460	5738	4748	990
矿山工程技术	6707	6699	4676	2022
冶金工程技术	396	396	263	133
能源科学技术	40	40	34	7
核科学技术	1499	1090	1032	57

续表2-18

指标名称	科技经费内部支出	日常性支出	人员劳务费	其他日常性支出
电子与通信技术	1888	1777	1371	406
计算机科学技术	474	474	177	298
化学工程	1391	1140	799	341
产品应用相关工程与技术	15308	9968	6232	3736
纺织科学技术	51	51	22	29
食品科学技术	6686	5114	2905	2210
土木建筑工程	1501	1456	1135	321
水利工程	2878	2714	1883	831
航空、航天科学技术	3695	2950	1158	1793
环境科学技术及资源科学技术	13394	12394	7058	5336
安全科学技术	10339	4452	3507	945
管理学	4063	3299	1407	1893
社会、人文科学领域	33173	30477	15251	15226
语言学	208	208	154	53
考古学	8794	7252	2158	5094
社会学	5570	5156	2180	2976
图书馆、情报与文献学	6304	5702	3596	2106
教育学	10940	10855	6574	4281
体育科学	1358	1305	589	716
按机构从业人员规模分				
≥1000人	10339	4452	3507	945
500~999人	24200	18165	15150	3015
300~499人	67987	55214	33750	21464
200~299人	51037	45342	24147	21195
100~199人	124611	102535	52205	50330
50~99人	80439	68386	39474	28912
30~49人	27645	22931	13213	9718
20~29人	8063	7466	5276	2190
10~19人	7088	6458	4264	2195
0~9人	2651	2396	1628	768

表 2-19　科技经费资产性支出

计量单位：万元

指标名称	科技经费内部支出	资产性支出	仪器与设备支出	非基建的科学仪器与设备支出	基建的仪器与设备支出	土建费	资本化的计算机软件支出	专利和专有技术支出
总计	404060	70716	42448	31047	11401	23830	2933	1505
按机构所属地域分布								
湖南省	404060	70716	42448	31047	11401	23830	2933	1505
长沙市	285494	53309	29491	23725	5766	20519	2403	897
株洲市	3164	410	301	197	104	102	5	1
湘潭市	23986	6412	5672	1534	4137	582	88	71
衡阳市	6002	549	434	170	263	91	12	14
邵阳市	4136	146	106	46	60	20	10	10
岳阳市	10568	1987	945	742	203	1036	—	6
常德市	14588	912	801	447	354	49	45	16
张家界市	702	133	8	—	8	—	25	100
益阳市	2995	395	124	30	94	242	12	16
郴州市	4864	343	293	260	33	44	6	—
永州市	24615	4922	4069	3824	245	392	97	365
怀化市	9268	1066	81	47	34	754	225	5
娄底市	1859	132	122	24	98	—	5	5
湘西州	11820	1	1	—	1	—	—	—
按机构所属隶属关系分布								
中央部门属	40893	6760	4268	2948	1321	2420	27	46
中国科学院	21731	3958	2529	2433	96	1358	25	46
地方部门属	363167	63955	38180	28099	10080	21411	2906	1459
省级部门属	202556	29403	16846	13916	2931	10777	964	816
地市级部门属	68958	9854	7157	2488	4669	2317	306	75
按机构从事的国民经济行业分布								
科学研究和技术服务业	404060	70716	42448	31047	11401	23830	2933	1505
研究和试验发展	233822	30648	16211	12218	3993	13066	1150	221
专业技术服务业	139030	32534	20302	14380	5923	10014	1509	708
科技推广和应用服务业	31208	7535	5934	4449	1485	750	274	576

续表2-19

指标名称	科技经费内部支出	资产性支出	仪器与设备支出	非基建的科学仪器与设备支出	基建的仪器与设备支出	土建费	资本化的计算机软件支出	专利和专有技术支出
按机构服务的国民经济行业分布								
农、林、牧、渔业	143864	22056	11120	8170	2950	9414	598	924
农业	94681	13779	7742	5705	2037	5783	163	91
林业	24990	3989	1840	1675	165	1110	322	718
畜牧业	5477	3012	613	405	208	2197	102	100
渔业	3599	391	373	28	345	6	5	6
农、林、牧、渔专业及辅助性活动	15118	884	553	357	196	318	6	8
采矿业	2266	930	649	564	85	281	—	—
煤炭开采和洗选业	122	—	—	—	—	—	—	—
开采专业及辅助性活动	1068	178	178	178	—	—	—	—
其他采矿业	1075	752	471	386	85	281	—	—
制造业	11193	3490	1116	1041	74	2364	7	4
农副食品加工业	2274	11	8	8	—	—	—	3
纺织业	51	—	—	—	—	—	—	—
化学原料和化学制品制造业	2443	1568	529	455	74	1033	5	1
医药制造业	5933	1911	579	579	—	1331	2	—
专用设备制造业	477	—	—	—	—	—	—	—
计算机、通信和其他电子设备制造业	16	—	—	—	—	—	—	—
建筑业	1501	45	29	29	—	—	16	—
土木工程建筑业	1501	45	29	29	—	—	16	—
科学研究和技术服务业	206963	40088	25485	17519	7967	11760	2265	578
研究和试验发展	69284	11713	7248	2597	4651	4313	150	3
专业技术服务业	102962	21611	12780	10329	2451	7162	1627	42
科技推广和应用服务业	34717	6764	5457	4593	864	286	488	533
水利、环境和公共设施管理业	29994	3523	3480	3480	—	—	43	—
水利管理业	4145	164	161	161	—	—	3	—
生态保护和环境治理业	25850	3359	3319	3319	—	—	40	—
教育	3320	—	—	—	—	—	—	—
教育	3320	—	—	—	—	—	—	—

续表2-19

指标名称	科技经费内部支出	资产性支出	仪器与设备支出	非基建的科学仪器与设备支出	基建的仪器与设备支出	土建费	资本化的计算机软件支出	专利和专有技术支出
卫生和社会工作	3602	532	521	196	325	11	—	—
卫生	3602	532	521	196	325	11	—	—
文化、体育和娱乐业	1358	53	49	49	—	—	3	—
体育	1358	53	49	49	—	—	3	—
按机构所属学科分布								
自然科学领域	91544	12459	8573	6977	1597	3617	219	50
信息科学与系统科学	2182	6	6	6	—	—	—	—
化学	5755	2418	1097	940	158	1321	—	—
天文学	230	—	—	—	—	—	—	—
地球科学	55838	5918	4636	3288	1348	1086	193	4
生物学	27538	4116	2834	2743	91	1211	26	46
农业科学领域	148342	23406	12914	9693	3221	8570	685	1237
农学	104117	14752	8958	6499	2459	5224	209	361
林学	26097	4031	1848	1679	170	1143	322	718
畜牧、兽医科学	14328	4228	1731	1484	247	2197	149	152
水产学	3800	395	377	32	345	6	5	6
医学科学领域	35130	9298	5641	2066	3575	3606	51	—
预防医学与公共卫生学	16147	3720	3670	420	3250	—	50	—
药学	5933	1911	579	579	—	1331	2	—
中医学与中药学	13051	3667	1392	1067	325	2275	—	—
工程科学与技术领域	95871	22856	14569	11599	2970	6640	1529	119
工程与技术科学基础学科	4151	158	140	126	14	16	—	2
信息与系统科学相关工程与技术	45	—	—	—	—	—	—	—
自然科学相关工程与技术	10905	1679	1580	1572	8	—	68	32
测绘科学技术	10460	4723	2518	1475	1043	797	1408	—
矿山工程技术	6707	9	9	—	9	—	—	—
冶金工程技术	396	—	—	—	—	—	—	—
能源科学技术	40	—	—	—	—	—	—	—
核科学技术	1499	410	409	155	255	—	1	—

续表2-19

指标名称	科技经费内部支出	资产性支出	仪器与设备支出	非基建的科学仪器与设备支出	基建的仪器与设备支出	土建费	资本化的计算机软件支出	专利和专有技术支出
电子与通信技术	1888	111	111	111	—	—	—	—
计算机科学技术	474	—	—	—	—	—	—	—
化学工程	1391	252	214	139	74	32	5	1
产品应用相关工程与技术	15308	5339	5004	5004	—	335	—	—
纺织科学技术	51	—	—	—	—	—	—	—
食品科学技术	6686	1571	1484	670	814	84	—	3
土木建筑工程	1501	45	29	29	—	—	16	—
水利工程	2878	164	161	161	—	—	3	—
航空、航天科学技术	3695	745	739	739	—	—	—	6
环境科学技术及资源科学技术	13394	1000	1000	1000	—	—	—	—
安全科学技术	10339	5888	508	373	135	5375	—	5
管理学	4063	764	663	45	618	—	29	71
社会、人文科学领域	33173	2696	751	713	38	1397	448	100
语言学	208	—	—	—	—	—	—	—
考古学	8794	1542	211	203	8	1331	—	—
社会学	5570	415	348	343	5	—	67	—
图书馆、情报与文献学	6304	602	83	58	25	56	363	100
教育学	10940	85	60	60	—	10	15	—
体育科学	1358	53	49	49	—	—	3	—
按机构从业人员规模分								
≥1000 人	10339	5888	508	373	135	5375	—	5
500~999 人	24200	6035	2204	1476	728	2264	897	670
300~499 人	67987	12773	11040	10600	440	1148	552	33
200~299 人	51037	5696	4388	4275	113	1222	37	49
100~199 人	124611	22076	11667	5156	6511	9380	900	129
50~99 人	80439	12053	8840	6828	2012	2402	365	446
30~49 人	27645	4714	3090	1909	1181	1544	38	43
20~29 人	8063	597	456	263	193	109	21	11
10~19 人	7088	630	221	142	79	299	92	18
0~9 人	2651	255	36	26	10	89	31	100

表 2-20　科研基建

计量单位：万元

指标名称	科研基建	政府资金	企业资金	事业单位资金	国外资金	其他资金
总计	35231	19451	320	14314	1	1146
按机构所属地域分布						
湖南省	35231	19451	320	14314	1	1146
长沙市	26284	11712	100	13362	—	1111
株洲市	207	100	—	107	—	—
湘潭市	4719	4619	100	—	—	—
衡阳市	354	252	86	15	—	1
邵阳市	80	80	—	—	—	—
岳阳市	1239	1229	—	—	—	10
常德市	404	63	2	337	1	—
张家界市	8	8	—	—	—	—
益阳市	336	154	27	155	—	1
郴州市	77	62	5	5	—	5
永州市	637	321	—	315	—	—
怀化市	788	770	—	19	—	—
娄底市	98	80	—	—	—	18
湘西州	1	1	—	—	—	—
按机构所属隶属关系分布						
中央部门属	3740	2338	—	1402	—	—
中国科学院	1454	53	—	1402	—	—
地方部门属	31491	17112	320	12913	1	1146
省级部门属	13708	7795	186	5265	—	462
地市级部门属	6986	6690	—	278	—	18
按机构从事的国民经济行业分布						
科学研究和技术服务业	35231	19451	320	14314	1	1146
研究和试验发展	17059	10255	100	6224	—	480
专业技术服务业	15937	7748	86	7454	—	649
科技推广和应用服务业	2235	1447	134	636	1	17

续表2-20

指标名称	科研基建	政府资金	企业资金	事业单位资金	国外资金	其他资金
按机构服务的国民经济行业分布						
农、林、牧、渔业	12364	7214	134	4554	1	462
农业	7820	5405	5	2147	—	262
林业	1275	1103	—	162	—	10
畜牧业	2405	108	127	2000	—	170
渔业	351	347	2	1	1	1
农、林、牧、渔专业及辅助性活动	513	251	—	244	—	18
采矿业	366	—	—	366	—	—
煤炭开采和洗选业	—	—	—	—	—	—
开采专业及辅助性活动	—	—	—	—	—	—
其他采矿业	366	—	—	366	—	—
制造业	2438	1815	—	623	—	—
农副食品加工业	—	—	—	—	—	—
纺织业	—	—	—	—	—	—
化学原料和化学制品制造业	1107	484	—	623	—	—
医药制造业	1331	1331	—	—	—	—
专用设备制造业	—	—	—	—	—	—
计算机、通信和其他电子设备制造业	—	—	—	—	—	—
建筑业	—	—	—	—	—	—
土木工程建筑业	—	—	—	—	—	—
科学研究和技术服务业	19727	10422	186	8435	—	684
研究和试验发展	8964	7255	—	1674	—	35
专业技术服务业	9613	2135	86	6744	—	649
科技推广和应用服务业	1150	1032	100	18	—	—
水利、环境和公共设施管理业	—	—	—	—	—	—
水利管理业	—	—	—	—	—	—
生态保护和环境治理业	—	—	—	—	—	—
教育	—	—	—	—	—	—
教育	—	—	—	—	—	—

续表2-20

指标名称	科研基建	政府资金	企业资金	事业单位资金	国外资金	其他资金
卫生和社会工作	337	—	—	337	—	—
卫生	337	—	—	337	—	—
文化、体育和娱乐业	—	—	—	—	—	—
体育	—	—	—	—	—	—
按机构所属学科分布						
自然科学领域	5214	2888	—	2326	—	—
信息科学与系统科学	—	—	—	—	—	—
化学	1478	596	—	882	—	—
天文学	—	—	—	—	—	—
地球科学	2434	2244	—	190	—	—
生物学	1302	48	—	1254	—	—
农业科学领域	11791	7877	134	3318	1	462
农学	7684	6253	5	1145	—	280
林学	1312	1140	—	162	—	10
畜牧、兽医科学	2444	137	127	2010	—	170
水产学	351	347	2	1	1	1
医学科学领域	7181	6820	—	337	—	25
预防医学与公共卫生学	3250	3250	—	—	—	—
药学	1331	1331	—	—	—	—
中医学与中药学	2600	2239	—	337	—	25
工程科学与技术领域	9609	1772	186	7002	—	649
工程与技术科学基础学科	30	—	—	30	—	—
信息与系统科学相关工程与技术	—	—	—	—	—	—
自然科学相关工程与技术	8	8	—	—	—	—
测绘科学技术	1840	287	86	1467	—	—
矿山工程技术	9	—	—	9	—	—
冶金工程技术	—	—	—	—	—	—
能源科学技术	—	—	—	—	—	—
核科学技术	255	60	—	195	—	—

续表2-20

指标名称	科研基建	政府资金	企业资金	事业单位资金	国外资金	其他资金
电子与通信技术	—	—	—	—	—	—
计算机科学技术	—	—	—	—	—	—
化学工程	107	—	—	107	—	—
产品应用相关工程与技术	335	—	—	335	—	—
纺织科学技术	—	—	—	—	—	—
食品科学技术	899	899	—	—	—	—
土木建筑工程	—	—	—	—	—	—
水利工程	—	—	—	—	—	—
航空、航天科学技术	—	—	—	—	—	—
环境科学技术及资源科学技术	—	—	—	—	—	—
安全科学技术	5510	—	—	4861	—	649
管理学	618	518	100	—	—	—
社会、人文科学领域	1435	94	—	1331	—	10
语言学	—	—	—	—	—	—
考古学	1339	8	—	1331	—	—
社会学	5	5	—	—	—	—
图书馆、情报与文献学	81	81	—	—	—	—
教育学	10	—	—	—	—	10
体育科学	—	—	—	—	—	—
按机构从业人员规模分						
≥1000 人	5510	—	—	4861	—	649
500~999 人	2992	2426	—	541	—	25
300~499 人	1588	340	86	1162	—	—
200~299 人	1334	63	—	1271	—	—
100~199 人	15891	11282	100	4329	—	180
50~99 人	4414	3173	105	855	—	280
30~49 人	2724	1702	2	1019	1	—
20~29 人	302	158	27	117	—	—
10~19 人	378	207	—	160	—	11
0~9 人	99	99	—	—	—	—

表 2–21　固定资产

计量单位：万元

指标名称	年末固定资产原价	科研房屋建筑物	科研仪器设备	进口
总计	716440	274505	279873	64712
按机构所属地域分布				
湖南省	716440	274505	279873	64712
长沙市	571781	220695	242943	61632
株洲市	8704	6606	816	48
湘潭市	19301	2920	11127	640
衡阳市	4587	998	2769	500
邵阳市	1006	434	379	—
岳阳市	34997	1842	7313	1
常德市	6399	3737	2083	—
张家界市	247	66	151	—
益阳市	3619	2722	836	—
郴州市	12055	7340	3341	1592
永州市	21639	7112	1982	112
怀化市	19175	11545	2718	8
娄底市	2491	1925	560	180
湘西州	10439	6564	2857	—
按机构所属隶属关系分布				
中央部门属	72629	18473	45003	9528
中国科学院	26959	11078	13848	8391
地方部门属	643811	256033	234871	55184
省级部门属	344319	139772	128141	25769
地市级部门属	98222	39463	28538	7385
按机构从事的国民经济行业分布				
科学研究和技术服务业	716440	274505	279873	64712
研究和试验发展	326154	118135	120203	19244
专业技术服务业	327062	124216	154597	45421
科技推广和应用服务业	63224	32154	5073	48

续表2-21

指标名称	年末固定资产原价	科研房屋建筑物	科研仪器设备	
				进口
按机构服务的国民经济行业分布				
农、林、牧、渔业	198402	76052	65187	13996
农业	109340	39727	47358	12929
林业	56203	21342	7183	—
畜牧业	4604	2100	1843	307
渔业	8887	6252	2431	—
农、林、牧、渔专业及辅助性活动	19369	6631	6372	761
采矿业	13370	5924	6680	3450
煤炭开采和洗选业	463	352	111	—
开采专业及辅助性活动	3407	303	2338	—
其他采矿业	9500	5270	4231	3450
制造业	29004	7275	19711	13411
农副食品加工业	3895	689	3206	—
纺织业	99	—	—	—
化学原料和化学制品制造业	5174	2013	1526	184
医药制造业	19740	4555	14963	13227
专用设备制造业	33	18	15	—
计算机、通信和其他电子设备制造业	63	—	1	—
建筑业	1119	25	338	—
土木工程建筑业	1119	25	338	—
科学研究和技术服务业	408442	154138	170766	33854
研究和试验发展	83722	37287	36192	3790
专业技术服务业	275481	88713	128454	30017
科技推广和应用服务业	49239	28138	6120	48
水利、环境和公共设施管理业	41236	30546	8864	—
水利管理业	10525	8603	1268	—
生态保护和环境治理业	30711	21943	7597	—
教育	3764	—	50	—
教育	3764	—	50	—
卫生和社会工作	18472	545	5906	1

续表2-21

指标名称	年末固定资产原价	科研房屋建筑物	科研仪器设备	
				进口
卫生	18472	545	5906	1
文化、体育和娱乐业	2631	—	2372	—
体育	2631	—	2372	—
按机构所属学科分布				
自然科学领域	156668	57270	69567	18889
信息科学与系统科学	714	—	99	—
化学	40037	9114	29410	6363
天文学	894	685	209	—
地球科学	82173	33330	22909	4135
生物学	32849	14141	16940	8391
农业科学领域	192544	77471	54515	6243
农学	116591	46117	41628	5880
林学	57196	21966	7369	—
畜牧、兽医科学	9409	2678	3084	362
水产学	9348	6710	2434	—
医学科学领域	79389	22903	42949	14445
预防医学与公共卫生学	21431	387	8721	1
药学	19740	4555	14963	13227
中医学与中药学	38217	17961	19266	1217
工程科学与技术领域	256168	105218	104250	23948
工程与技术科学基础学科	993	242	597	70
信息与系统科学相关工程与技术	4	—	4	—
自然科学相关工程与技术	38787	11507	26943	3955
测绘科学技术	38408	8371	18706	500
矿山工程技术	4875	2315	802	—
冶金工程技术	1079	303	272	—
能源科学技术	8	5	3	—
核科学技术	2519	126	2259	795
电子与通信技术	2013	—	1682	—
计算机科学技术	8	—	8	—

续表2-21

指标名称	年末固定资产原价	科研房屋建筑物	科研仪器设备	
				进口
化学工程	6449	5282	791	—
产品应用相关工程与技术	40463	12765	24440	11494
纺织科学技术	99	—	—	—
食品科学技术	32399	19004	12543	6621
土木建筑工程	1119	25	338	—
水利工程	2563	503	1370	—
航空、航天科学技术	2380	—	745	—
环境科学技术及资源科学技术	15702	11203	3328	—
安全科学技术	39261	17368	7086	513
管理学	27040	16200	2336	—
社会、人文科学领域	31672	11644	8593	1188
语言学	9	—	9	—
考古学	9463	4200	4054	1188
社会学	6517	6442	75	—
图书馆、情报与文献学	3186	471	1894	—
教育学	9866	531	189	—
体育科学	2631	—	2372	—
按机构从业人员规模分				
≥1000 人	39261	17368	7086	513
500~999 人	65955	25725	33231	1217
300~499 人	155966	50043	73540	18202
200~299 人	52846	23709	23678	10142
100~199 人	199990	77346	71557	26994
50~99 人	100846	34356	48604	3175
30~49 人	63476	20775	17347	3973
20~29 人	11985	6567	2509	496
10~19 人	23299	18384	736	—
0~9 人	2818	232	1587	—

表 2-22 科学仪器设备

指标名称	科学仪器设备数量（台/套）	单台原值≥100 万元	科学仪器设备原值（万元）	单台原值≥100 万元
总计	62083	306	279873	65261
按机构所属地域分布				
湖南省	62083	306	279873	65261
长沙市	51811	283	242943	60287
株洲市	320	—	816	—
湘潭市	1275	9	11127	2211
衡阳市	1677	3	2769	493
邵阳市	221	—	379	—
岳阳市	1088	2	7313	525
常德市	878	—	2083	—
张家界市	100	—	151	—
益阳市	542	—	836	—
郴州市	900	5	3341	945
永州市	693	1	1982	120
怀化市	1309	2	2718	570
娄底市	669	—	560	—
湘西州	600	1	2857	110
按机构所属隶属关系分布				
中央部门属	8590	48	45003	10134
中国科学院	4387	10	13848	2104
地方部门属	53493	258	234871	55127
省级部门属	35109	126	128141	25705
地市级部门属	7354	26	28538	5902
按机构从事的国民经济行业分布				
科学研究和技术服务业	62083	306	279873	65261
研究和试验发展	37696	94	120203	19839
专业技术服务业	21901	207	154597	44679
科技推广和应用服务业	2486	5	5073	744

续表2-22

指标名称	科学仪器设备数量（台/套）	单台原值≥100万元	科学仪器设备原值（万元）	单台原值≥100万元
按机构服务的国民经济行业分布				
农、林、牧、渔业	23705	35	65187	6184
农业	12903	20	47358	3772
林业	4249	—	7183	—
畜牧业	537	3	1843	365
渔业	241	8	2431	1142
农、林、牧、渔专业及辅助性活动	5775	4	6372	904
采矿业	629	21	6680	2908
煤炭开采和洗选业	11	—	111	—
开采专业及辅助性活动	193	3	2338	522
其他采矿业	425	18	4231	2386
制造业	1310	20	19711	4048
农副食品加工业	274	3	3206	525
化学原料和化学制品制造业	183	1	1526	318
医药制造业	824	16	14963	3204
专用设备制造业	28	—	15	—
计算机、通信和其他电子设备制造业	1	—	1	—
建筑业	617	—	338	—
土木工程建筑业	617	—	338	—
科学研究和技术服务业	32779	221	170766	50857
研究和试验发展	12318	43	36192	11691
专业技术服务业	17927	172	128454	38018
科技推广和应用服务业	2534	6	6120	1149
水利、环境和公共设施管理业	2105	8	8864	1101
水利管理业	435	3	1268	419
生态保护和环境治理业	1670	5	7597	683
教育	19	—	50	—
教育	19	—	50	—
卫生和社会工作	324	—	5906	—

续表2-22

指标名称	科学仪器设备数量（台/套）	单台原值≥100 万元	科学仪器设备原值（万元）	单台原值≥100 万元
卫生	324	—	5906	—
文化、体育和娱乐业	595	1	2372	164
体育	595	1	2372	164
按机构所属学科分布				
自然科学领域	11698	102	69567	17997
信息科学与系统科学	49	—	99	—
化学	2535	59	29410	10969
天文学	3	—	209	—
地球科学	3883	28	22909	4033
生物学	5228	15	16940	2995
农业科学领域	21505	26	54515	4203
农学	11947	13	41628	2455
林学	4546	1	7369	120
畜牧、兽医科学	4764	4	3084	485
水产学	248	8	2434	1142
医学科学领域	8067	44	42949	11427
预防医学与公共卫生学	452	4	8721	800
药学	824	16	14963	3204
中医学与中药学	6791	24	19266	7423
工程科学与技术领域	17037	129	104250	30327
工程与技术科学基础学科	342	—	597	—
信息与系统科学相关工程与技术	1	—	4	—
自然科学相关工程与技术	3693	30	26943	5104
测绘科学技术	2000	26	18706	10562
矿山工程技术	114	—	802	—
冶金工程技术	105	—	272	—
能源科学技术	2	—	3	—
核科学技术	523	3	2259	403
电子与通信技术	246	2	1682	249

续表2-22

指标名称	科学仪器设备数量（台/套）	单台原值≥100万元	科学仪器设备原值（万元）	单台原值≥100万元
计算机科学技术	145	—	8	—
化学工程	476	—	791	—
产品应用相关工程与技术	4261	32	24440	6673
食品科学技术	1629	16	12543	3372
土木建筑工程	617	—	338	—
水利工程	381	3	1370	419
航空、航天科学技术	26	2	745	525
环境科学技术及资源科学技术	580	2	3328	328
安全科学技术	1770	7	7086	1163
管理学	126	6	2336	1531
社会、人文科学领域	3776	5	8593	1307
语言学	19	—	9	—
考古学	881	4	4054	1143
社会学	218	—	75	—
图书馆、情报与文献学	970	—	1894	—
教育学	1093	—	189	—
体育科学	595	1	2372	164
按机构从业人员规模分				
≥1000人	1770	7	7086	1163
500~999人	9742	41	33231	14622
300~499人	10465	85	73540	17176
200~299人	6416	21	23678	3346
100~199人	14215	76	71557	13670
50~99人	13199	52	48604	10466
30~49人	4799	19	17347	3432
20~29人	756	2	2509	359
10~19人	449	—	736	—
0~9人	272	3	1587	1028

表 2-23 科技课题概况

指标名称	课题数合计（个）	R&D课题	课题经费内部支出（万元）	政府资金	R&D课题经费	课题人员折合全时工作量（人年）	R&D课题人员折合全时工作量
总计	3104	2452	145656	106175	110016	6943	5420
按机构所属地域分布							
湖南省	3104	2452	145656	106175	110016	6943	5420
长沙市	2487	1954	103504	75782	74596	4403	3379
株洲市	17	14	1191	895	961	75	57
湘潭市	51	41	14306	11833	13406	433	360
衡阳市	55	35	733	645	559	209	162
邵阳市	17	16	576	576	556	99	77
岳阳市	16	11	1976	371	1873	120	78
常德市	102	64	3919	3230	2089	238	133
张家界市	6	1	115	10	15	10	5
益阳市	21	16	989	887	784	118	79
郴州市	41	38	2553	2296	2401	120	113
永州市	82	60	7589	5255	4809	449	326
怀化市	35	35	2894	2539	2894	278	278
娄底市	21	15	368	358	162	62	50
湘西州	153	152	4944	1499	4912	329	324
按机构所属隶属关系分布							
中央部门属	357	281	18286	16134	13947	536	442
中国科学院	260	191	13846	12157	9601	339	255
地方部门属	2747	2171	127370	90041	96069	6407	4978
省级部门属	1930	1481	71160	47368	51117	3431	2588
地市级部门属	368	306	26703	22461	24500	1574	1355
按课题来源分布							
国家科技项目	552	443	29117	25046	22532	1094	834
地方科技项目	1735	1381	75668	62953	52058	4021	3077
企业委托科技项目	334	256	11074	1445	9314	490	433
自选科技项目	291	250	14904	6843	12483	902	725
国际合作科技项目	8	7	162	123	142	23	22
其他科技项目	184	115	14732	9766	13487	413	329

续表2-23

指标名称	课题数合计（个）	R&D课题	课题经费内部支出（万元）	政府资金	R&D课题经费	课题人员折合全时工作量（人年）	R&D课题人员折合全时工作量
按课题活动类型分布							
基础研究	551	551	17623	14348	17623	1015	1015
应用研究	654	654	28178	19084	28178	1336	1336
试验发展	1247	1247	64215	42984	64215	3069	3069
研究与试验发展成果应用	227	—	8545	7166	—	458	—
技术推广与科技服务	425	—	27096	22593	—	1065	—
按课题所属学科分布							
自然科学领域	241	160	16148	12050	10385	696	487
信息科学与系统科学	25	9	353	217	108	25	7
物理学	1	1	10	7	10	1	1
化学	25	24	254	136	250	24	23
地球科学	107	70	12037	8679	8427	513	374
生物学	83	56	3494	3012	1590	134	83
农业科学领域	1560	1249	63900	49876	50726	3116	2477
农学	1138	910	46602	34715	36676	2156	1701
林学	276	228	9272	8190	7673	564	478
畜牧、兽医科学	125	98	6933	5914	5473	330	264
水产学	21	13	1092	1058	902	66	34
医学科学领域	301	284	16196	12624	14592	588	526
基础医学	1	1	23	23	23	2	2
临床医学	1	—	406	—	—	10	—
预防医学与公共卫生学	5	5	7741	7741	7741	87	87
药学	18	14	1153	838	698	44	25
中医学与中药学	276	264	6874	4023	6131	445	412
工程科学与技术领域	718	506	41419	26309	26920	2107	1571
工程与技术科学基础学科	105	105	10168	3574	10168	345	345
信息与系统科学相关工程与技术	16	11	1248	914	689	61	46
自然科学相关工程与技术	2	1	14	14	6	18	8
测绘科学技术	51	42	4195	1879	2981	190	163
材料科学	11	9	596	80	594	30	26
矿山工程技术	96	95	984	430	901	136	132

续表2-23

指标名称	课题数合计（个）	R&D课题	课题经费内部支出（万元）	政府资金	R&D课题经费	课题人员折合全时工作量（人年）	R&D课题人员折合全时工作量
冶金工程技术	1	1	30	30	30	7	7
机械工程	16	15	1016	355	978	48	45
动力与电气工程	3	3	33	—	33	3	3
能源科学技术	1	1	1	—	1	2	2
核科学技术	3	3	70	60	70	20	20
电子与通信技术	3	3	470	80	470	19	19
计算机科学技术	9	7	892	805	386	23	19
化学工程	3	3	85	11	85	2	2
产品应用相关工程与技术	1	1	7	4	7	0	0
食品科学技术	67	58	1349	908	1145	106	95
土木建筑工程	14	11	592	11	433	51	40
水利工程	20	17	887	491	806	82	64
交通运输工程	4	3	80	12	58	9	8
航空、航天科学技术	3	3	815	—	815	20	20
环境科学技术及资源科学技术	199	61	14068	13322	4695	717	358
安全科学技术	17	16	377	42	347	67	63
管理学	73	37	3443	3287	1224	152	87
社会、人文科学领域	284	253	7994	5315	7393	435	359
考古学	166	162	5262	3599	5230	117	103
经济学	22	13	463	283	300	154	131
新闻学与传播学	1	—	7	5	—	0	—
图书馆、情报与文献学	19	15	787	705	450	43	32
教育学	56	44	897	178	840	78	50
体育科学	16	16	408	408	408	33	33
统计学	4	3	171	138	165	10	10
按课题技术领域分布							
非技术领域	150	96	5758	2985	4743	353	257
信息技术	52	47	4296	1977	3742	252	246
生物和现代农业技术	1372	1117	55626	46453	43783	2869	2270
新材料技术	6	6	447	49	447	29	29
能源技术	1	1	5	—	5	5	5

续表2-23

指标名称	课题数合计（个）	R&D课题	课题经费内部支出（万元）	政府资金	R&D课题经费	课题人员折合全时工作量（人年）	R&D课题人员折合全时工作量
激光技术	1	1	30	—	30	3	3
先进制造与自动化技术	93	93	8114	3681	8114	276	276
航天技术	4	4	853	—	853	23	23
资源与环境技术	601	376	35301	26310	20460	1616	1087
其他技术领域	824	711	35227	24720	27840	1517	1226
按课题的社会经济目标分布							
环境保护、生态建设及污染防治	398	222	27173	23364	15126	1118	726
环境一般问题	18	13	550	284	495	35	30
环境与资源评估	31	24	2906	2786	2107	114	99
环境监测	70	50	3735	2548	2913	127	112
生态建设	91	43	8566	7957	3215	297	134
环境污染预防	25	6	1637	1529	456	66	28
环境治理	143	74	6971	5468	4501	338	227
自然灾害的预防、预报	20	12	2807	2792	1439	142	96
能源生产、分配和合理利用	111	108	2874	1025	2716	260	250
能源一般问题研究	15	15	53	—	53	15	15
能源矿产的勘探技术	86	84	2410	775	2294	213	205
可再生能源	3	3	256	165	256	4	4
能源设施和设备建造	4	4	90	80	90	20	20
节约能源的技术	3	2	65	5	23	8	6
卫生事业发展	287	270	15904	12355	14287	568	499
卫生一般问题	1	—	406	—	—	10	—
诊断与治疗	233	230	5434	2774	5400	364	362
预防医学	2	2	7	7	7	8	8
公共卫生	4	4	7760	7760	7760	81	81
营养和食品卫生	5	1	88	88	—	5	2
社会医疗	32	26	1307	1251	437	57	21
卫生医疗其他研究	10	7	903	475	683	44	26
教育事业发展	56	43	1233	525	801	84	49
教育一般问题	50	41	818	129	783	70	47
学历教育	3	1	35	15	15	3	1

续表2-23

指标名称	课题数合计（个）	R&D课题	课题经费内部支出（万元）	政府资金	R&D课题经费	课题人员折合全时工作量（人年）	R&D课题人员折合全时工作量
非学历教育与培训	1	—	310	310	—	9	—
其他教育	2	1	71	71	3	3	1
基础设施以及城市和农村规划	51	38	4674	507	3984	158	128
交通运输	3	2	68	—	46	3	2
通信	2	1	378	9	360	13	12
城市规划与市政工程	25	23	3298	14	3180	98	89
农村发展规划与建设	18	9	886	472	354	36	17
交通运输、通信、城市与农村发展对环境的影响	3	3	45	12	45	8	8
基础社会发展和社会服务	408	319	18663	13362	12911	887	705
社会发展和社会服务一般问题	11	9	451	150	430	87	85
公共安全	18	16	218	38	203	73	71
社会管理	2	2	165	59	165	5	5
法律与司法	1	—	21	17	—	1	—
遗产保护	165	162	5254	3588	5229	113	102
语言与文化	1	1	12	12	12	1	1
文艺、娱乐	4	4	105	105	105	8	8
传媒	1	—	7	5	—	0	—
科技发展	79	47	3530	3180	1567	189	149
国土资源管理	59	32	6031	3710	3565	233	154
其他社会发展和社会服务	67	46	2870	2499	1635	178	131
地球和大气层的探索与利用	53	34	5088	4216	3251	237	164
地壳、地幔，海底的探测和研究	31	16	2655	2408	995	115	48
水文地理	6	5	234	159	132	12	10
大气	8	5	1276	1263	1201	44	39
地球探测和开发其他研究	8	8	923	387	923	67	67
民用空间探测及开发	3	3	640	286	640	19	19
发射与控制系统	1	1	176	86	176	6	6
卫星服务	2	2	465	200	465	13	13
农林牧渔业发展	1480	1191	57579	45314	45630	3049	2435
农林牧渔业发展一般问题	374	297	11407	7258	9752	479	376

续表2-23

指标名称	课题数合计（个）	R&D课题	课题经费内部支出（万元）	政府资金	R&D课题经费	课题人员折合全时工作量（人年）	R&D课题人员折合全时工作量
农作物种植及培育	563	463	24981	20771	19811	1323	1097
林业和林产品	189	157	5324	4721	4437	372	316
畜牧业	116	92	6784	5802	5435	324	267
渔业	14	10	824	787	769	40	27
农林牧渔业体系支撑	161	128	4574	3871	3752	359	258
农林牧渔业生产中污染的防治与处理	63	44	3686	2103	1674	152	94
工商业发展	216	198	10148	5081	9302	482	403
促进工商业发展的一般问题	2	1	59	59	3	3	2
食品、饮料和烟草制品业	33	30	838	627	552	58	45
非金属与金属制品业	2	1	18	11	11	5	2
机械制造业(不包括电子设备、仪器仪表及办公机械	5	5	760	3	760	14	14
电子设备、仪器仪表及办公机械	1	1	30	—	30	3	3
其他制造业	4	4	133	83	133	7	7
建筑业	3	2	262	—	221	17	15
信息与通信技术(ICT)服务业	1	—	3	—	—	—	—
技术服务业	157	148	7941	4250	7540	356	300
商业及其他服务业	3	2	66	21	25	4	2
工商业活动中的环境保护、污染防治与处理	5	4	39	27	26	14	13
非定向研究	2	2	25	15	25	5	5
自然科学领域的非定向研究	1	1	24	14	24	2	2
其他	1	1	1	1	1	3	3
其他民用目标	35	22	1058	89	783	60	25
国防	4	2	596	36	560	17	14
按课题服务的国民经济行业分布							
农、林、牧、渔业	1405	1104	54980	42314	42252	2816	2205
农业	973	773	37789	27484	28453	1735	1351
林业	143	110	4512	3796	3858	375	315
畜牧业	107	83	6274	5293	4869	272	215
渔业	20	14	1065	1027	975	62	39

续表2-23

指标名称	课题数合计（个）	R&D课题	课题经费内部支出（万元）	政府资金	R&D课题经费	课题人员折合全时工作量（人年）	R&D课题人员折合全时工作量
农、林、牧、渔专业及辅助性活动	162	124	5341	4712	4098	373	284
采矿业	7	6	1081	83	1038	55	52
有色金属矿采选业	2	2	552	20	552	18	18
开采专业及辅助性活动	2	1	439	43	396	32	29
其他采矿业	3	3	90	20	90	5	5
制造业	160	132	6933	3939	5325	378	293
农副食品加工业	45	36	1137	865	935	68	58
食品制造业	6	6	244	222	244	13	13
酒、饮料和精制茶制造业	6	5	181	181	52	21	16
烟草制品业	2	2	68	39	68	3	3
木材加工和木、竹、藤、棕、草制品业	5	4	204	137	154	8	7
家具制造业	1	1	15	15	15	1	1
石油、煤炭及其他燃料加工业	5	5	169	140	169	21	21
化学原料和化学制品制造业	10	7	242	156	198	16	11
医药制造业	51	40	2156	1774	1216	89	50
非金属矿物制品业	3	2	67	60	60	7	4
金属制品业	1	1	10	—	10	5	5
通用设备制造业	8	8	121	5	121	38	38
专用设备制造业	4	2	278	239	42	28	5
汽车制造业	3	3	307	—	307	9	9
铁路、船舶、航空航天和其他运输设备制造业	3	3	815	—	815	20	20
计算机、通信和其他电子设备制造业	4	4	468	103	468	26	26
废弃资源综合利用业	2	2	2	2	2	3	3
金属制品、机械和设备修理业	1	1	450	—	450	4	4
电力、热力、燃气及水生产和供应业	1	1	5	—	5	5	5
电力、热力生产和供应业	1	1	5	—	5	5	5
建筑业	13	9	476	11	390	51	43
房屋建筑业	7	4	125	11	80	21	15

续表2-23

指标名称	课题数合计（个）	R&D课题	课题经费内部支出（万元）	政府资金	R&D课题经费	课题人员折合全时工作量（人年）	R&D课题人员折合全时工作量
土木工程建筑业	5	4	153	—	112	16	14
建筑装饰、装修和其他建筑业	1	1	198	—	198	14	14
交通运输、仓储和邮政业	4	3	170	36	148	14	13
道路运输业	1	—	22	—	—	1	—
水上运输业	1	1	12	12	12	6	6
装卸搬运和仓储业	2	2	136	24	136	7	7
信息传输、软件和信息技术服务业	3	1	12	8	8	2	1
软件和信息技术服务业	3	1	12	8	8	2	1
科学研究和技术服务业	898	798	43018	26158	35760	2228	1907
研究和试验发展	331	331	10072	7157	10072	583	583
专业技术服务业	519	438	30860	17443	24240	1511	1219
科技推广和应用服务业	48	29	2086	1558	1448	134	105
水利、环境和公共设施管理业	330	161	21810	19378	10508	932	549
水利管理业	18	14	1520	1319	1281	128	107
生态保护和环境治理业	292	135	18802	16804	8313	738	397
公共设施管理业	4	3	213	50	138	15	8
土地管理业	16	9	1276	1206	776	52	36
居民服务、修理和其他服务业	1	1	208	208	208	3	3
其他服务业	1	1	208	208	208	3	3
教育	66	47	1349	602	837	107	61
教育	66	47	1349	602	837	107	61
卫生和社会工作	10	6	8203	7770	7759	108	89
卫生	10	6	8203	7770	7759	108	89
文化、体育和娱乐业	178	174	5565	3921	5534	138	127
新闻和出版业	1	—	7	5	—	—	—
文化艺术业	161	158	5151	3508	5126	105	94
体育	16	16	408	408	408	33	33
公共管理、社会保障和社会组织	28	9	1845	1748	244	106	74
中国共产党机关	2	1	66	65	60	3	3
国家机构	25	8	1764	1669	184	92	71
群众团体、社会团体和其他成员组织	1	—	15	15	—	11	—

表 2-24 课题经费内部支出按活动类型分布

计量单位：万元

指标名称	课题经费内部支出	基础研究	应用研究	试验发展	R&D成果应用	科技服务
总计	145656	17623	28178	64215	8545	27096
按机构所属地域分布						
湖南省	145656	17623	28178	64215	8545	27096
长沙市	103504	14819	23420	36357	6623	22285
株洲市	1191	—	160	801	110	120
湘潭市	14306	1419	206	11781	33	867
衡阳市	733	48	44	467	36	138
邵阳市	576	125	246	185	—	20
岳阳市	1976	132	20	1721	100	3
常德市	3919	85	602	1401	816	1014
张家界市	115	—	—	15	—	100
益阳市	989	—	40	744	—	205
郴州市	2553	96	1162	1143	84	68
永州市	7589	237	460	4113	662	2118
怀化市	2894	562	1693	639	—	—
娄底市	368	39	93	30	50	156
湘西州	4945	61	32	4819	33	—
按机构所属隶属关系分布						
中央部门属	18286	8579	2367	3001	179	4161
中国科学院	13846	6204	1705	1692	99	4146
地方部门属	127370	9045	25811	61214	8367	22935
省级部门属	71160	6113	14112	30893	5477	14565
地市级部门属	26703	2676	3193	18631	1250	953
按课题来源分布						
国家科技项目	29117	8929	3537	10066	3047	3538
地方科技项目	75668	5546	17176	29336	4392	19219
企业委托科技项目	11074	2	1977	7336	427	1332
自选科技项目	14904	2480	4843	5161	431	1990
国际合作科技项目	162	59	21	62	—	20
其他科技项目	14732	608	624	12254	249	997

续表2-24

指标名称	课题经费内部支出	基础研究	应用研究	试验发展	R&D成果应用	科技服务
按课题所属学科分布						
自然科学领域	16148	2002	1978	6406	235	5528
信息科学与系统科学	353	—	13	96	—	245
物理学	10	—	—	10	—	—
化学	254	10	61	180	4	—
地球科学	12037	965	1602	5861	230	3380
生物学	3494	1027	303	260	1	1903
农业科学领域	63900	11849	11221	27656	5852	7322
农学	46603	7681	6876	22120	4461	5465
林学	9272	804	2677	4192	995	603
畜牧、兽医科学	6933	3277	1011	1185	241	1219
水产学	1092	86	657	159	154	35
医学科学领域	16196	2525	1497	10571	928	676
基础医学	23	—	23	—	—	—
临床医学	406	—	—	—	—	406
预防医学与公共卫生学	7741	103	—	7638	—	—
药学	1153	2	50	646	455	—
中医学与中药学	6874	2420	1424	2287	473	270
工程科学与技术领域	41419	760	8713	17447	1510	12989
工程与技术科学基础学科	10168	—	2482	7685	—	—
信息与系统科学相关工程与技术	1248	—	25	664	421	137
自然科学相关工程与技术	14	—	—	6	—	8
测绘科学技术	4195	—	1560	1421	224	990
材料科学	596	50	38	506	2	—
矿山工程技术	984	—	—	901	—	83
冶金工程技术	30	—	30	—	—	—
机械工程	1016	—	181	797	38	—
动力与电气工程	33	—	—	33	—	—
能源科学技术	1	—	1	—	—	—
核科学技术	70	—	40	30	—	—
电子与通信技术	470	—	—	470	—	—
计算机科学技术	892	—	—	386	—	506

续表2-24

指标名称	课题经费内部支出	基础研究	应用研究	试验发展	R&D成果应用	科技服务
化学工程	85	—	10	75	—	—
产品应用相关工程与技术	7	—	—	7	—	—
食品科学技术	1349	347	250	548	204	—
土木建筑工程	592	—	16	417	75	84
水利工程	887	248	431	126	—	81
交通运输工程	80	—	—	58	—	22
航空、航天科学技术	815	—	—	815	—	—
环境科学技术及资源科学技术	14068	51	3424	1221	511	8863
安全科学技术	377	—	10	337	30	—
管理学	3443	65	215	945	5	2214
社会、人文科学领域	7994	488	4769	2136	20	581
考古学	5262	273	4559	398	—	32
经济学	463	213	67	20	20	143
新闻学与传播学	7	—	—	—	—	7
图书馆、情报与文献学	787	—	22	428	—	337
教育学	897	—	121	719	—	57
体育科学	408	—	—	408	—	—
统计学	171	2	—	163	—	6
按课题技术领域分布						
非技术领域	5758	107	2901	1735	—	1016
信息技术	4296	177	1358	2208	—	553
生物和现代农业技术	55626	10235	9560	23988	6217	5626
新材料技术	447	—	30	417	—	—
能源技术	5	—	—	5	—	—
激光技术	30	—	—	30	—	—
先进制造与自动化技术	8114	—	2348	5765	—	—
航天技术	853	—	38	815	—	—
资源与环境技术	35301	3005	6179	11276	666	14176
其他技术领域	35227	4101	5763	17976	1662	5725
按课题的社会经济目标分布						
环境保护、生态建设及污染防治	27173	2327	4848	7952	958	11088
环境一般问题	550	136	20	339	10	46

续表2-24

指标名称	课题经费内部支出	基础研究	应用研究	试验发展	R&D成果应用	科技服务
环境与资源评估	2906	369	792	945	—	799
环境监测	3735	451	385	2078	22	799
生态建设	8566	695	1121	1398	51	5300
环境污染预防	1637	20	58	378	120	1061
环境治理	6971	650	1067	2784	313	2157
自然灾害的预防、预报	2807	5	1404	30	441	927
能源生产、分配和合理利用	2874	19	764	1933	—	158
能源一般问题研究	53	—	—	53	—	—
能源矿产的勘探技术	2410	19	674	1601	—	116
可再生能源	256	—	—	256	—	—
能源设施和设备建造	90	—	90	—	—	—
节约能源的技术	65	—	—	23	—	42
卫生事业发展	15904	2382	1376	10528	958	660
卫生一般问题	406	—	—	—	—	406
诊断与治疗	5434	2259	1263	1878	—	34
预防医学	7	—	—	7	—	—
公共卫生	7760	103	23	7634	—	—
营养和食品卫生	88	—	—	—	88	—
社会医疗	1307	—	12	425	870	—
卫生医疗其他研究	903	20	78	585	—	220
教育事业发展	1233	3	89	709	—	432
教育一般问题	818	3	71	709	—	35
学历教育	35	—	15	—	—	20
非学历教育与培训	310	—	—	—	—	310
其他教育	71	—	3	—	—	68
基础设施以及城市和农村规划	4674	8	293	3683	105	585
交通运输	68	—	—	46	—	22
通信	378	—	—	360	—	18
城市规划与市政工程	3298	—	228	2952	75	43
农村发展规划与建设	886	8	65	281	30	502
交通运输、通信、城市与农村发展对环境的影响	45	—	—	45	—	—

续表2-24

指标名称	课题经费内部支出	基础研究	应用研究	试验发展	R&D成果应用	科技服务
基础社会发展和社会服务	18663	927	6555	5429	541	5212
社会发展和社会服务一般问题	451	275	59	97	7	14
公共安全	218	42	67	95	15	—
社会管理	165	—	165	—	—	—
法律与司法	21	—	—	—	—	21
遗产保护	5254	273	4548	408	—	25
语言与文化	12	—	12	—	—	—
文艺、娱乐	105	—	—	105	—	—
传媒	7	—	—	—	—	7
科技发展	3530	15	114	1438	58	1905
国土资源管理	6031	—	1332	2233	230	2236
其他社会发展和社会服务	2870	323	258	1055	231	1004
地球和大气层的探索与利用	5088	763	874	1615	102	1735
地壳、地幔，海底的探测和研究	2655	581	102	312	—	1660
水文地理	234	12	—	120	102	—
大气	1276	—	358	843	—	75
地球探测和开发其他研究	923	170	413	340	—	—
民用空间探测及开发	640	—	176	465	—	—
发射与控制系统	176	—	176	—	—	—
卫星服务	465	—	—	465	—	—
农林牧渔业发展	57579	10775	10585	24269	5547	6403
农林牧渔业发展一般问题	11407	4046	1577	4129	707	949
农作物种植及培育	24981	2536	4221	13054	3357	1813
林业和林产品	5324	425	1760	2251	642	245
畜牧业	6784	3245	1002	1188	145	1204
渔业	824	63	662	44	20	35
农林牧渔业体系支撑	4574	210	859	2683	585	237
农林牧渔业生产中污染的防治与处理	3686	250	503	921	90	1921
工商业发展	10148	351	2418	6533	162	685
促进工商业发展的一般问题	59	3	—	—	56	—
食品、饮料和烟草制品业	838	17	134	401	75	211
非金属与金属制品业	18	—	11	—	—	7

续表2-24

指标名称	课题经费内部支出	基础研究	应用研究	试验发展	R&D成果应用	科技服务
机械制造业(不包括电子设备、仪器仪表及办公机械	760	—	—	760	—	—
电子设备、仪器仪表及办公机械	30	—	—	30	—	—
其他制造业	133	—	—	133	—	—
建筑业	262	—	—	221	—	41
信息与通信技术(ICT)服务业	3	—	—	—	—	3
技术服务业	7941	331	2248	4962	18	383
商业及其他服务业	66	—	—	25	—	41
工商业活动中的环境保护、污染防治与处理	39	—	25	1	12	—
非定向研究	25	24	1	—	—	—
自然科学领域的非定向研究	24	24	—	—	—	—
其他	1	—	1	—	—	—
其他民用目标	1058	44	200	539	173	102
国防	596	—	—	560	—	36
按课题合作形式分布						
独立完成	111728	13714	21583	47679	6088	22664
与境内独立研究机构合作	7986	1521	1817	3791	495	363
与境内高等学校合作	5995	1680	1361	2018	82	854
与境内注册其他企业合作	2974	—	270	1444	287	973
与境外机构合作	385	130	20	234	—	—
其他	16589	579	3126	9048	1594	2242
按课题服务的国民经济行业分布						
农、林、牧、渔业	54981	8778	10213	23261	5421	7308
农业	37789	4232	6066	18154	4058	5278
林业	4512	620	1225	2014	434	220
畜牧业	6274	3098	921	850	186	1219
渔业	1065	86	735	154	54	35
农、林、牧、渔专业及辅助性活动	5342	741	1266	2090	688	556
采矿业	1081	—	416	622	—	43

续表2-24

指标名称	课题经费内部支出	基础研究	应用研究	试验发展	R&D成果应用	科技服务
有色金属矿采选业	552	—	20	532	—	—
开采专业及辅助性活动	439	—	396	—	—	43
其他采矿业	90	—	—	90	—	—
制造业	6933	546	644	4136	1437	171
农副食品加工业	1137	176	54	705	189	13
食品制造业	244	186	58	—	—	—
酒、饮料和精制茶制造业	181	—	42	10	—	129
烟草制品业	68	—	68	—	—	—
木材加工和木、竹、藤、棕、草制品业	204	—	42	112	50	—
家具制造业	15	—	15	—	—	—
石油、煤炭及其他燃料加工业	169	—	30	139	—	—
化学原料和化学制品制造业	242	35	30	133	33	11
医药制造业	2156	135	227	854	928	12
非金属矿物制品业	67	—	60	—	—	7
金属制品业	10	—	10	—	—	—
通用设备制造业	121	—	10	111	—	—
专用设备制造业	278	12	—	30	236	—
汽车制造业	307	—	—	307	—	—
铁路、船舶、航空航天和其他运输设备制造业	815	—	—	815	—	—
计算机、通信和其他电子设备制造业	468	—	—	468	—	—
废弃资源综合利用业	2	1	—	1	—	—
金属制品、机械和设备修理业	450	—	—	450	—	—
电力、热力、燃气及水生产和供应业	5	—	—	5	—	—
电力、热力生产和供应业	5	—	—	5	—	—
建筑业	476	—	17	373	2	84
房屋建筑业	125	—	12	68	2	43
土木工程建筑业	153	—	5	107	—	41
建筑装饰、装修和其他建筑业	198	—	—	198	—	—
交通运输、仓储和邮政业	170	—	59	89	—	22

续表2-24

指标名称	课题经费内部支出	基础研究	应用研究	试验发展	R&D成果应用	科技服务
道路运输业	22	—	—	—	—	22
水上运输业	12	—	—	12	—	—
装卸搬运和仓储业	136	—	59	77	—	—
信息传输、软件和信息技术服务业	12	—	—	8	—	5
软件和信息技术服务业	12	—	—	8	—	5
科学研究和技术服务业	43018	6743	8190	20827	623	6635
研究和试验发展	10072	4680	1638	3755	—	—
专业技术服务业	30860	2063	6263	15913	597	6023
科技推广和应用服务业	2086	—	289	1159	26	612
水利、环境和公共设施管理业	21810	1103	3978	5427	1062	10240
水利管理业	1520	140	845	296	—	239
生态保护和环境治理业	18802	964	3083	4267	987	9501
公共设施管理业	213	—	50	88	75	—
土地管理业	1276	—	—	776	—	500
居民服务、修理和其他服务业	208	—	—	208	—	—
其他服务业	208	—	—	208	—	—
教育	1349	8	106	723	—	512
教育	1349	8	106	723	—	512
卫生和社会工作	8203	103	—	7656	—	444
卫生	8203	103	—	7656	—	444
文化、体育和娱乐业	5566	268	4548	718	—	32
新闻和出版业	7	—	—	—	—	7
文化艺术业	5151	268	4548	311	—	25
体育	408	—	—	408	—	—
公共管理、社会保障和社会组织	1845	75	7	162	—	1601
中国共产党机关	66	60	—	—	—	6
国家机构	1764	15	7	162	—	1580
群众团体、社会团体和其他成员组织	15	—	—	—	—	15

表 2-25　课题人员折合全时工作量按活动类型分

计量单位：人年

指标名称	课题人员折合全时工作量	基础研究	应用研究	试验发展	R&D成果应用	科技服务
总计	6943	1015	1336	3069	458	1065
按机构所属地域分布						
湖南省	6943	1015	1336	3069	458	1065
长沙市	4403	750	967	1662	319	706
株洲市	75	—	7	50	9	9
湘潭市	433	122	20	218	6	67
衡阳市	209	14	19	129	18	29
邵阳市	99	19	10	48	—	22
岳阳市	120	8	19	51	25	17
常德市	238	5	32	96	28	78
张家界市	10	—	—	5	—	5
益阳市	118	—	12	67	—	39
郴州市	120	10	33	70	5	2
永州市	449	9	30	287	40	83
怀化市	278	27	161	90	—	—
娄底市	62	27	18	5	3	9
湘西州	329	24	9	291	5	—
按机构所属隶属关系分布						
中央部门属	536	251	93	98	10	84
中国科学院	339	175	41	39	3	82
地方部门属	6407	764	1244	2971	448	981
省级部门属	3431	499	685	1403	275	568
地市级部门属	1574	243	227	885	92	127
按课题来源分布						
国家科技项目	1094	302	127	405	159	101
地方科技项目	4021	524	898	1655	216	727
企业委托科技项目	490	3	93	337	17	39
自选科技项目	902	127	168	430	42	136
国际合作科技项目	23	15	3	4	—	1
其他科技项目	413	44	47	239	24	60

续表2-25

指标名称	课题人员折合全时工作量	基础研究	应用研究	试验发展	R&D成果应用	科技服务
按课题所属学科分布						
自然科学领域	696	127	121	240	13	196
信息科学与系统科学	25	—	1	6	—	18
物理学	1	—	—	1	—	—
化学	24	5	1	17	1	—
地球科学	513	58	112	205	11	128
生物学	134	64	7	12	1	50
农业科学领域	3116	519	452	1507	297	342
农学	2156	352	256	1093	198	256
林学	564	58	147	273	48	39
畜牧、兽医科学	330	100	36	128	30	37
水产学	66	9	12	13	22	10
医学科学领域	588	166	94	266	38	24
基础医学	2	—	2	—	—	—
临床医学	10	—	—	—	—	10
预防医学与公共卫生学	87	3	—	84	—	—
药学	44	0	3	22	19	—
中医学与中药学	445	163	90	159	19	14
工程科学与技术领域	2107	74	560	936	106	431
工程与技术科学基础学科	345	—	102	244	—	—
信息与系统科学相关工程与技术	61	—	10	36	10	5
自然科学相关工程与技术	18	—	—	8	—	10
测绘科学技术	190	—	78	85	14	13
材料科学	30	2	2	22	4	—
矿山工程技术	136	—	—	132	—	4
冶金工程技术	7	—	7	—	—	—
机械工程	48	—	18	27	3	—
动力与电气工程	3	—	—	3	—	—
能源科学技术	2	—	2	—	—	—
核科学技术	20	—	13	7	—	—
电子与通信技术	19	—	—	19	—	—

续表2-25

指标名称	课题人员折合全时工作量	基础研究	应用研究	试验发展	R&D成果应用	科技服务
计算机科学技术	23	—	—	19	—	4
化学工程	2	—	0	1	—	—
产品应用相关工程与技术	0	—	—	0	—	—
食品科学技术	106	16	32	46	11	—
土木建筑工程	51	—	19	21	7	4
水利工程	82	16	32	17	—	18
交通运输工程	9	—	—	8	—	1
航空、航天科学技术	20	—	—	20	—	—
环境科学技术及资源科学技术	717	9	238	111	51	308
安全科学技术	67	—	5	58	4	—
管理学	152	32	2	53	2	63
社会、人文科学领域	435	130	109	120	4	72
考古学	117	30	60	13	—	14
经济学	154	97	30	4	4	19
新闻学与传播学	0	—	—	—	—	0
图书馆、情报与文献学	43	—	6	27	—	11
教育学	78	—	14	36	—	28
体育科学	33	—	—	33	—	—
统计学	10	2	—	8	—	0
按课题技术领域分布						
非技术领域	353	76	78	102	—	96
信息技术	252	60	71	115	—	6
生物和现代农业技术	2869	487	438	1344	319	280
新材料技术	29	—	2	27	—	—
能源技术	5	—	—	5	—	—
激光技术	3	—	—	3	—	—
先进制造与自动化技术	276	—	82	193	—	—
航天技术	23	—	3	20	—	—
资源与环境技术	1616	130	378	578	56	473
其他技术领域	1517	261	284	681	82	209

续表2-25

指标名称	课题人员折合全时工作量	基础研究	应用研究	试验发展	R&D成果应用	科技服务
按课题的社会经济目标分布						
环境保护、生态建设及污染防治	1118	100	313	313	66	326
环境一般问题	35	10	1	19	0	4
环境与资源评估	114	16	62	20	—	15
环境监测	127	16	30	66	1	14
生态建设	297	26	51	57	2	161
环境污染预防	66	2	13	13	15	23
环境治理	338	29	65	134	33	77
自然灾害的预防、预报	142	1	91	4	15	31
能源生产、分配和合理利用	260	2	68	180	—	10
能源一般问题研究	15	—	—	15	—	—
能源矿产的勘探技术	213	2	48	155	—	8
可再生能源	4	—	—	4	—	—
能源设施和设备建造	20	—	20	—	—	—
节约能源的技术	8	—	—	6	—	2
卫生事业发展	568	151	87	261	39	30
卫生一般问题	10	—	—	—	—	10
诊断与治疗	364	147	79	137	—	2
预防医学	8	—	—	8	—	—
公共卫生	81	3	2	76	—	—
营养和食品卫生	5	—	—	2	3	—
社会医疗	57	—	1	19	36	—
卫生医疗其他研究	44	2	4	20	—	18
教育事业发展	84	4	10	35	—	36
教育一般问题	70	4	8	35	—	23
学历教育	3	—	1	—	—	2
非学历教育与培训	9	—	—	—	—	9
其他教育	3	—	1	—	—	2
基础设施以及城市和农村规划	158	1	15	112	8	22
交通运输	3	—	—	2	—	1
通信	13	—	—	12	—	1

续表2-25

指标名称	课题人员折合全时工作量	基础研究	应用研究	试验发展	R&D成果应用	科技服务
城市规划与市政工程	98	—	12	77	7	2
农村发展规划与建设	36	1	3	13	1	18
交通运输、通信、城市与农村发展对环境的影响	8	—	—	8	—	—
基础社会发展和社会服务	887	173	214	318	36	146
社会发展和社会服务一般问题	87	68	10	7	1	1
公共安全	73	4	16	51	2	—
社会管理	5	—	5	—	—	—
法律与司法	1	—	—	—	—	1
遗产保护	113	30	58	14	—	11
语言与文化	1	—	1	—	—	—
文艺、娱乐	8	—	—	8	—	—
传媒	0	—	—	—	—	0
科技发展	189	35	34	80	2	38
国土资源管理	233	—	66	88	11	68
其他社会发展和社会服务	178	36	25	70	20	27
地球和大气层的探索与利用	237	40	59	65	1	72
地壳、地幔，海底的探测和研究	115	22	4	22	—	67
水文地理	12	1	—	9	1	—
大气	44	—	25	14	—	5
地球探测和开发其他研究	67	17	30	20	—	—
民用空间探测及开发	19	—	6	13	—	—
发射与控制系统	6	—	6	—	—	—
卫星服务	13	—	—	13	—	—
农林牧渔业发展	3049	515	445	1474	288	326
农林牧渔业发展一般问题	479	140	88	149	23	80
农作物种植及培育	1323	156	148	793	127	99
林业和林产品	372	48	86	182	26	30
畜牧业	324	97	36	134	22	35
渔业	40	6	14	7	3	10
农林牧渔业体系支撑	359	32	57	168	75	27

续表2-25

指标名称	课题人员折合全时工作量	基础研究	应用研究	试验发展	R&D成果应用	科技服务
农林牧渔业生产中污染的防治与处理	152	36	18	41	13	45
工商业发展	482	26	117	260	13	66
促进工商业发展的一般问题	3	2	—	—	1	—
食品、饮料和烟草制品业	58	5	17	23	5	8
非金属与金属制品业	5	—	2	—	—	3
机械制造业(不包括电子设备、仪器仪表及办公机械	14	—	—	14	—	—
电子设备、仪器仪表及办公机械	3	—	—	3	—	—
其他制造业	7	—	—	7	—	—
建筑业	17	—	—	15	—	2
信息与通信技术(ICT)服务业	—	—	—	—	—	—
技术服务业	356	19	89	192	6	51
商业及其他服务业	4	—	—	2	—	2
工商业活动中的环境保护、污染防治与处理	14	—	9	4	1	—
非定向研究	5	2	3	—	—	—
自然科学领域的非定向研究	2	2	—	—	—	—
其他	3	—	3	—	—	—
其他民用目标	60	1	1	24	6	28
国防	17	—	—	14	—	3
按课题合作形式分布						
独立完成	5384	852	1049	2269	374	840
与境内独立研究机构合作	378	67	73	187	21	30
与境内高等学校合作	306	67	76	102	14	47
与境内注册其他企业合作	233	—	23	139	25	45
与境外机构合作	19	4	4	12	—	—
其他	624	26	112	359	24	103
按课题服务的国民经济行业分布						
农、林、牧、渔业	2816	446	401	1357	266	345
农业	1735	240	213	899	143	240
林业	375	47	80	189	34	26

续表2-25

指标名称	课题人员折合全时工作量	基础研究	应用研究	试验发展	R&D成果应用	科技服务
畜牧业	272	92	32	92	25	32
渔业	62	9	17	13	13	10
农、林、牧、渔专业及辅助性活动	373	58	60	165	52	37
采矿业	55	—	32	20	—	3
有色金属矿采选业	18	—	3	15	—	—
开采专业及辅助性活动	32	—	29	—	—	3
其他采矿业	5	—	—	5	—	—
制造业	378	31	70	192	76	9
农副食品加工业	68	13	7	38	10	—
食品制造业	13	5	6	2	—	—
酒、饮料和精制茶制造业	21	—	14	2	—	5
烟草制品业	3	—	3	—	—	—
木材加工和木、竹、藤、棕、草制品业	8	—	2	5	1	—
家具制造业	1	—	1	—	—	—
石油、煤炭及其他燃料加工业	21	—	10	11	—	—
化学原料和化学制品制造业	16	3	1	7	4	1
医药制造业	89	7	12	31	38	1
非金属矿物制品业	7	—	4	—	—	3
金属制品业	5	—	5	—	—	—
通用设备制造业	38	—	5	33	—	—
专用设备制造业	28	2	—	3	23	—
汽车制造业	9	—	—	9	—	—
铁路、船舶、航空航天和其他运输设备制造业	20	—	—	20	—	—
计算机、通信和其他电子设备制造业	26	—	—	26	—	—
废弃资源综合利用业	3	1	—	2	—	—
金属制品、机械和设备修理业	4	—	—	4	—	—
电力、热力、燃气及水生产和供应业	5	—	—	5	—	—
电力、热力生产和供应业	5	—	—	5	—	—
建筑业	51	—	21	22	4	4
房屋建筑业	21	—	12	3	4	2

续表2-25

指标名称	课题人员折合全时工作量	基础研究	应用研究	试验发展	R&D成果应用	科技服务
土木工程建筑业	16	—	9	5	—	2
建筑装饰、装修和其他建筑业	14	—	—	14	—	—
交通运输、仓储和邮政业	14	—	3	10	—	1
道路运输业	1	—	—	—	—	1
水上运输业	6	—	—	6	—	—
装卸搬运和仓储业	7	—	3	4	—	—
信息传输、软件和信息技术服务业	2	—	—	1	—	1
软件和信息技术服务业	2	—	—	1	—	1
科学研究和技术服务业	2228	407	470	1029	45	276
研究和试验发展	583	218	128	236	—	—
专业技术服务业	1511	189	335	695	41	250
科技推广和应用服务业	134	—	8	97	3	26
水利、环境和公共设施管理业	932	56	243	250	67	317
水利管理业	128	12	74	22	—	20
生态保护和环境治理业	738	44	165	188	60	281
公共设施管理业	15	—	4	4	7	—
土地管理业	52	—	—	36	—	16
居民服务、修理和其他服务业	3	—	—	3	—	—
其他服务业	3	—	—	3	—	—
教育	107	7	13	41	—	46
教育	107	7	13	41	—	46
卫生和社会工作	108	3	—	86	—	19
卫生	108	3	—	86	—	19
文化、体育和娱乐业	138	27	58	42	—	11
新闻和出版业	—	—	—	—	—	—
文化艺术业	105	27	58	9	—	11
体育	33	—	—	33	—	—
公共管理、社会保障和社会组织	106	38	25	11	—	32
中国共产党机关	3	3	—	—	—	—
国家机构	92	35	25	11	—	21
群众团体、社会团体和其他成员组织	11	—	—	—	—	11

表 2-26 R&D 人员

计量单位：人

指标名称	R&D人员	女性	按工作量分		按学历分			
			R&D全时人员	R&D非全时人员	博士毕业	硕士毕业	本科毕业	其他
总计	7709	2393	5718	1991	748	2083	3451	1427
按机构所属地域分布								
湖南省	7709	2393	5718	1991	748	2083	3451	1427
长沙市	4993	1624	3441	1552	682	1730	1973	608
株洲市	72	19	59	13	1	7	37	27
湘潭市	455	161	350	105	2	68	293	92
衡阳市	200	57	151	49	1	32	104	63
邵阳市	139	38	94	45	—	10	62	67
岳阳市	123	30	94	29	8	26	67	22
常德市	212	45	172	40	3	54	100	55
张家界市	13	4	6	7	—	2	8	3
益阳市	101	23	92	9	—	21	42	38
郴州市	157	55	141	16	—	31	87	39
永州市	405	96	340	65	2	34	171	198
怀化市	332	86	327	5	—	29	147	156
娄底市	64	24	58	6	49	7	4	4
湘西州	443	131	393	50	—	32	356	55
按机构所属隶属关系分布								
中央部门属	566	184	446	120	191	193	101	81
中国科学院	318	107	258	60	135	128	28	27
地方部门属	7143	2209	5272	1871	557	1890	3350	1346
省级部门属	3960	1278	2765	1195	468	1194	1746	552
地市级部门属	1834	588	1510	324	60	344	977	453
按机构从事的国民经济行业分布								
科学研究和技术服务业	7709	2393	5718	1991	748	2083	3451	1427
研究和试验发展	5008	1678	3745	1263	695	1508	1925	880
专业技术服务业	2174	599	1509	665	49	541	1303	281

续表2-26

指标名称	R&D人员	女性	按工作量分		按学历分			
			R&D全时人员	R&D非全时人员	博士毕业	硕士毕业	本科毕业	其他
科技推广和应用服务业	527	116	464	63	4	34	223	266
按机构服务的国民经济行业分布								
农、林、牧、渔业	3105	916	2573	532	466	798	1103	738
农业	1889	531	1609	280	331	500	633	425
林业	637	201	478	159	60	141	250	186
畜牧业	96	24	79	17	7	35	40	14
渔业	61	14	61	—	4	26	26	5
农、林、牧、渔专业及辅助性活动	422	146	346	76	64	96	154	108
采矿业	66	11	42	24	3	14	46	3
开采专业及辅助性活动	51	8	35	16	—	9	39	3
其他采矿业	15	3	7	8	3	5	7	—
制造业	150	72	91	59	17	53	49	31
农副食品加工业	47	20	47	—	14	17	9	7
化学原料和化学制品制造业	36	11	23	13	—	8	15	13
医药制造业	64	40	18	46	3	28	23	10
计算机、通信和其他电子设备制造业	3	1	3	—	—	—	2	1
建筑业	34	4	32	2	—	9	21	4
土木工程建筑业	34	4	32	2	—	9	21	4
科学研究和技术服务业	3787	1206	2730	1057	227	989	1996	575
研究和试验发展	1495	637	916	579	155	446	666	228
专业技术服务业	1794	424	1424	370	59	458	1082	195
科技推广和应用服务业	498	145	390	108	13	85	248	152
水利、环境和公共设施管理业	514	159	212	302	34	200	212	68
水利管理业	156	60	85	71	9	47	70	30
生态保护和环境治理业	358	99	127	231	25	153	142	38
教育	19	7	10	9	—	4	11	4
教育	19	7	10	9	—	4	11	4

续表2-26

指标名称	R&D人员	女性	按工作量分		按学历分			
			R&D全时人员	R&D非全时人员	博士毕业	硕士毕业	本科毕业	其他
文化、体育和娱乐业	34	18	28	6	1	16	13	4
体育	34	18	28	6	1	16	13	4
按机构所属学科分布								
自然科学领域	1354	368	940	414	198	408	624	124
信息科学与系统科学	26	18	8	18	3	10	13	—
化学	57	23	16	41	6	30	21	—
天文学	21	8	21	—	—	3	18	—
地球科学	856	180	553	303	46	218	498	94
生物学	394	139	342	52	143	147	74	30
农业科学领域	3330	959	2738	592	352	752	1300	926
农学	2307	664	1918	389	279	529	911	588
林学	691	209	532	159	60	145	270	216
畜牧、兽医科学	265	72	221	44	9	52	91	113
水产学	67	14	67	—	4	26	28	9
医学科学领域	708	348	315	393	49	194	354	111
预防医学与公共卫生学	156	77	82	74	—	15	109	32
药学	64	40	18	46	3	28	23	10
中医学与中药学	488	231	215	273	46	151	222	69
工程科学与技术领域	1783	470	1360	423	74	532	970	207
工程与技术科学基础学科	43	8	38	5	2	23	18	—
自然科学相关工程与技术	281	92	281	—	4	71	179	27
测绘科学技术	216	52	176	40	6	79	125	6
矿山工程技术	266	86	238	28	—	8	187	71
冶金工程技术	35	7	24	11	—	3	29	3
核科学技术	36	4	16	20	—	9	26	1
电子与通信技术	3	1	3	—	—	—	2	1
计算机科学技术	60	26	60	—	1	18	33	8
化学工程	23	7	23	—	—	1	9	13

续表2-26

指标名称	R&D人员	女性	按工作量分		按学历分			
			R&D全时人员	R&D非全时人员	博士毕业	硕士毕业	本科毕业	其他
产品应用相关工程与技术	27	7	—	27	7	11	9	—
食品科学技术	118	53	87	31	17	54	34	13
土木建筑工程	34	4	32	2	—	9	21	4
水利工程	131	51	60	71	9	51	64	7
航空、航天科学技术	39	3	30	9	6	15	16	2
环境科学技术及资源科学技术	262	46	146	116	18	92	106	46
安全科学技术	128	3	65	63	3	75	50	—
管理学	81	20	81	—	1	13	62	5
社会、人文科学领域	534	248	365	169	75	197	203	59
考古学	133	58	127	6	5	44	52	32
社会学	121	61	80	41	57	49	11	4
图书馆、情报与文献学	116	54	60	56	3	41	63	9
教育学	130	57	70	60	9	47	64	10
体育科学	34	18	28	6	1	16	13	4
按机构从业人员规模分								
≥1000 人	128	3	65	63	3	75	50	—
500~999 人	747	275	333	414	50	213	353	131
300~499 人	770	202	582	188	29	219	469	53
200~299 人	970	265	697	273	220	312	323	115
100~199 人	2449	844	1821	628	264	647	1060	478
50~99 人	1649	497	1411	238	138	399	757	355
30~49 人	582	181	473	109	41	154	232	155
20~29 人	253	91	207	46	1	48	118	86
10~19 人	122	27	93	29	2	11	69	40
0~9 人	39	8	36	3	—	5	20	14

表 2-27 R&D 人员折合全时工作量

计量单位：人年

指标名称	R&D 折合全时工作量		按活动类型分组		
		研究人员	基础研究	应用研究	试验发展
总计	6560	4847	1233	1616	3711
按机构所属地域分布					
湖南省	6560	4847	1233	1616	3711
长沙市	4146	3053	928	1165	2053
株洲市	70	51	—	8	62
湘潭市	367	259	129	20	218
衡阳市	183	137	17	20	146
邵阳市	111	73	19	11	81
岳阳市	101	93	15	22	64
常德市	181	149	7	44	130
张家界市	10	6	—	—	10
益阳市	95	34	—	15	80
郴州市	153	98	21	51	81
永州市	361	266	9	35	317
怀化市	327	216	27	194	106
娄底市	62	56	33	22	7
湘西州	393	356	28	9	356
按机构所属隶属关系分布					
中央部门属	510	407	295	102	113
中国科学院	294	278	203	46	45
地方部门属	6050	4440	938	1514	3598
省级部门属	3310	2430	633	876	1801
地市级部门属	1615	1204	281	280	1054
按机构从事的国民经济行业分布					
科学研究和技术服务业	6560	4847	1233	1616	3711
研究和试验发展	4321	3181	1016	1046	2259

续表2-27

指标名称	R&D 折合全时工作量	研究人员	按活动类型分组		
			基础研究	应用研究	试验发展
专业技术服务业	1758	1339	201	540	1017
科技推广和应用服务业	481	327	16	30	435
按机构服务的国民经济行业分布					
农、林、牧、渔业	2796	2041	674	564	1558
农业	1717	1275	484	272	961
林业	546	439	61	173	312
畜牧业	82	62	24	10	48
渔业	61	36	18	25	18
农、林、牧、渔专业及辅助性活动	390	229	87	84	219
采矿业	56	21	—	40	16
开采专业及辅助性活动	42	14	—	38	4
其他采矿业	14	7	—	2	12
制造业	110	93	6	16	88
农副食品加工业	47	47	6	10	31
化学原料和化学制品制造业	33	30	—	—	33
医药制造业	27	14	—	6	21
计算机、通信和其他电子设备制造业	3	2	—	—	3
建筑业	33	25	—	33	—
土木工程建筑业	33	25	—	33	—
科学研究和技术服务业	3219	2409	544	741	1934
研究和试验发展	1196	849	364	302	530
专业技术服务业	1573	1225	180	413	980
科技推广和应用服务业	450	335	—	26	424
水利、环境和公共设施管理业	300	230	9	209	82
水利管理业	92	74	—	78	14
生态保护和环境治理业	208	156	9	131	68
教育	13	10	—	13	—

续表2-27

指标名称	R&D 折合全时工作量		按活动类型分组		
		研究人员	基础研究	应用研究	试验发展
教育	13	10	—	13	—
文化、体育和娱乐业	33	18	—	—	33
体育	33	18	—	—	33
按机构所属学科分布					
自然科学领域	1160	931	315	250	595
信息科学与系统科学	13	12	—	1	12
化学	41	22	8	2	31
天文学	21	21	1	2	18
地球科学	710	545	64	177	469
生物学	375	331	242	68	65
农业科学领域	2982	2089	516	586	1880
农学	2085	1428	391	343	1351
林学	600	461	74	181	345
畜牧、兽医科学	230	160	33	37	160
水产学	67	40	18	25	24
医学科学领域	519	389	164	94	261
预防医学与公共卫生学	82	82	—	—	82
药学	27	14	—	6	21
中医学与中药学	410	293	164	88	158
工程科学与技术领域	1468	1139	142	541	785
工程与技术科学基础学科	40	35	34	—	6
自然科学相关工程与技术	281	235	—	110	171
测绘科学技术	191	175	—	83	108
矿山工程技术	238	173	—	88	150
冶金工程技术	29	3	—	29	—
核科学技术	20	16	—	13	7
电子与通信技术	3	2	—	—	3

续表2-27

指标名称	R&D 折合全时工作量	研究人员	按活动类型分组		
			基础研究	应用研究	试验发展
计算机科学技术	60	34	60	—	—
化学工程	23	23	—	—	23
产品应用相关工程与技术	8	8	1	3	4
食品科学技术	97	75	20	23	54
土木建筑工程	33	25	—	33	—
水利工程	67	49	15	34	18
航空、航天科学技术	37	36	—	—	37
环境科学技术及资源科学技术	175	160	9	98	68
安全科学技术	85	49	—	27	58
管理学	81	41	3	—	78
社会、人文科学领域	431	299	96	145	190
考古学	129	80	37	77	15
社会学	90	68	53	37	—
图书馆、情报与文献学	104	77	—	18	86
教育学	75	56	6	13	56
体育科学	33	18	—	—	33
按机构从业人员规模分					
≥1000 人	85	49	—	27	58
500~999 人	591	449	156	144	291
300~499 人	671	533	42	241	388
200~299 人	796	752	218	210	368
100~199 人	2000	1362	387	518	1095
50~99 人	1527	1071	312	270	945
30~49 人	519	374	54	121	344
20~29 人	231	155	46	48	137
10~19 人	103	76	12	27	64
0~9 人	37	26	6	10	21

表 2-28　R&D 经费内部支出按活动类型和来源分

计量单位：万元

指标名称	R&D经费内部支出	按活动类型分			按经费来源分			
		基础研究	应用研究	试验发展	政府资金	企业资金	国外资金	其他资金
总计	225952	38339	61582	126030	160985	16148	28	48791
按机构所属地域分布								
湖南省	225952	38339	61582	126030	160985	16148	28	48791
长沙市	170582	34050	51218	85313	117775	11882	28	40897
株洲市	1413	—	160	1253	1127	—	—	286
湘潭市	13406	1467	199	11740	12302	301	—	803
衡阳市	3641	560	186	2894	3313	134	—	193
邵阳市	2293	178	246	1869	2293	—	—	—
岳阳市	2574	433	148	1993	972	—	—	1602
常德市	3163	105	711	2347	2916	120	—	127
张家界市	225	—	—	225	225	—	—	—
益阳市	1450	—	183	1267	1342	108	—	—
郴州市	3296	192	1550	1554	3124	157	—	15
永州市	7856	244	1231	6382	5688	—	—	2168
怀化市	7596	599	5365	1632	4994	—	—	2602
娄底市	499	121	258	120	401	—	—	98
湘西州	7960	390	128	7442	4514	3446	—	—
按机构所属隶属关系分布								
中央部门属	30098	18213	4384	7501	22279	1137	9	6672
中国科学院	15276	9589	3124	2563	14004	726	9	536
地方部门属	195853	20126	57198	118529	138706	15010	19	42118
省级部门属	121798	15593	38313	67893	83461	14329	19	23989
地市级部门属	38427	4159	5481	28787	34200	172	—	4056
按机构从事的国民经济行业分布								
科学研究和技术服务业	225952	38339	61582	126030	160985	16148	28	48791
研究和试验发展	159401	34780	43159	81462	118367	9106	28	31900

续表2-28

指标名称	R&D经费内部支出	按活动类型分			按经费来源分			
		基础研究	应用研究	试验发展	政府资金	企业资金	国外资金	其他资金
专业技术服务业	59277	3456	18077	37744	37385	6533	—	15359
科技推广和应用服务业	7273	103	347	6824	5234	509	—	1531
按机构服务的国民经济行业分布								
农、林、牧、渔业	107274	25668	24790	56816	80933	7520	28	18794
农业	72265	21731	12493	38041	53356	5091	28	13790
林业	17255	1009	6239	10008	14966	1999	—	290
畜牧业	4304	1200	1180	1924	438	408	—	3458
渔业	2783	268	2068	447	2319	—	—	464
农、林、牧、渔专业及辅助性活动	10667	1460	2810	6397	9854	22	—	791
采矿业	1337	—	765	572	592	396	—	349
开采专业及辅助性活动	890	—	711	180	494	396	—	—
其他采矿业	447	—	54	393	98	—	—	349
制造业	8010	17	661	7332	6361	—	—	1649
农副食品加工业	2263	17	270	1976	1631	—	—	631
化学原料和化学制品制造业	1710	—	—	1710	692	—	—	1018
医药制造业	4022	—	391	3631	4022	—	—	—
计算机、通信和其他电子设备制造业	16	—	—	16	16	—	—	—
建筑业	405	—	405	—	405	—	—	—
土木工程建筑业	405	—	405	—	405	—	—	—
科学研究和技术服务业	98499	12599	28708	57192	62268	8232	—	27999
研究和试验发展	44729	9853	14201	20675	34088	1178	—	9463
专业技术服务业	44983	2746	13984	28253	22702	6753	—	15528
科技推广和应用服务业	8787	—	523	8264	5478	301	—	3009
水利、环境和公共设施管理业	8861	55	6046	2759	8861	—	—	—
水利管理业	2147	—	2026	120	2147	—	—	—
生态保护和环境治理业	6714	55	4020	2639	6714	—	—	—

续表2-28

指标名称	R&D经费内部支出	按活动类型分			按经费来源分			
		基础研究	应用研究	试验发展	政府资金	企业资金	国外资金	其他资金
教育	209	—	209	—	209	—	—	—
教育	209	—	209	—	209	—	—	—
文化、体育和娱乐业	1358	—	—	1358	1358	—	—	—
体育	1358	—	—	1358	1358	—	—	—
按机构所属学科分布								
自然科学领域	43014	13237	9141	20636	31051	6905	9	5049
信息科学与系统科学	114	—	13	101	114	—	—	—
化学	2478	332	54	2092	1397	—	—	1081
天文学	150	10	20	120	150	—	—	—
地球科学	22758	2359	5306	15093	14813	6245	—	1700
生物学	17515	10536	3749	3230	14577	660	9	2269
农业科学领域	102262	17496	23322	61445	75297	6989	19	19957
农学	74109	14515	13047	46548	53856	4582	19	15652
林学	17717	1197	6341	10180	15428	1999	—	290
畜牧、兽医科学	7560	1517	1866	4178	3694	408	—	3458
水产学	2876	268	2068	540	2319	—	—	557
医学科学领域	23088	4475	3242	15371	21448	983	—	657
预防医学与公共卫生学	7638	—	—	7638	7638	—	—	—
药学	4022	—	391	3631	4022	—	—	—
中医学与中药学	11429	4475	2852	4102	9789	983	—	657
工程科学与技术领域	41499	1083	17003	23413	22514	1271	—	17714
工程与技术科学基础学科	151	73	—	79	121	—	—	30
自然科学相关工程与技术	9844	—	3549	6295	4518	—	—	5326
测绘科学技术	9327	—	4317	5010	3859	134	—	5334
矿山工程技术	5541	—	2980	2561	2843	440	—	2258
冶金工程技术	396	—	396	—	—	396	—	—
核科学技术	491	—	327	164	60	—	—	431

续表2-28

指标名称	R&D经费内部支出	按活动类型分			按经费来源分			
		基础研究	应用研究	试验发展	政府资金	企业资金	国外资金	其他资金
电子与通信技术	16	—	—	16	16	—	—	—
计算机科学技术	177	177	—	—	177	—	—	—
化学工程	286	—	—	286	—	—	—	286
产品应用相关工程与技术	253	37	124	92	55	—	—	198
食品科学技术	3397	437	561	2398	2766	—	—	631
土木建筑工程	405	—	405	—	405	—	—	—
水利工程	880	200	519	161	575	—	—	305
航空、航天科学技术	1602	—	—	1602	—	—	—	1602
环境科学技术及资源科学技术	6068	55	3374	2639	6068	—	—	—
安全科学技术	1070	—	452	618	155	—	—	915
管理学	1596	103	—	1493	896	301	—	399
社会、人文科学领域	16089	2049	8874	5166	10675	—	—	5414
考古学	8762	705	7481	577	3607	—	—	5156
社会学	2003	1294	709	—	2003	—	—	—
图书馆、情报与文献学	2126	—	475	1650	1867	—	—	258
教育学	1841	50	209	1582	1841	—	—	—
体育科学	1358	—	—	1358	1358	—	—	—
按机构从业人员规模分								
≥1000 人	1070	—	452	618	155	—	—	915
500~999 人	18446	4395	4931	9120	11824	2981	—	3641
300~499 人	21847	1369	9372	11106	12394	722	—	8730
200~299 人	34675	9589	9515	15571	30568	3715	9	383
100~199 人	85115	15348	22356	47411	56794	6350	19	21952
50~99 人	41142	5263	8548	27331	29432	1988	—	9722
30~49 人	15670	1233	3580	10857	13611	102	—	1957
20~29 人	4344	694	1173	2477	3474	108	—	762
10~19 人	3129	285	1545	1299	2288	152	—	689
0~9 人	515	163	111	240	445	30	—	40

表 2-29 R&D 经费内部支出按经费类别分

计量单位：万元

指标名称	R&D经费内部支出	日常性支出	人员劳务费	其他日常性支出	资产性支出	土建费	仪器与设备支出	资本化的计算机软件支出	专利和专有技术支出
总计	225952	185444	118729	66715	40508	15691	22674	1877	266
按机构所属地域分布									
湖南省	225952	185444	118729	66715	40508	15691	22674	1877	266
长沙市	170582	139164	84169	54996	31417	13813	15718	1757	129
株洲市	1413	1222	1073	150	191	83	102	5	1
湘潭市	13406	7926	4688	3238	5480	549	4834	26	71
衡阳市	3641	3477	2415	1062	164	22	134	6	2
邵阳市	2293	2243	1886	357	50	—	50	—	—
岳阳市	2574	1257	1124	133	1317	374	937	—	6
常德市	3163	3047	2507	540	116	—	116	—	—
张家界市	225	217	170	47	8	—	8	—	—
益阳市	1450	1362	921	441	88	39	43	6	—
郴州市	3296	3145	2651	494	151	39	107	6	—
永州市	7856	6911	5502	1409	945	380	454	64	48
怀化市	7596	7124	5589	1535	472	392	73	2	5
娄底市	499	391	216	175	108	—	98	5	5
湘西州	7960	7959	5820	2138	1	—	1	—	—
按机构所属隶属关系分布									
中央部门属	30098	24635	13256	11379	5463	2010	3403	19	32
中国科学院	15276	12500	6338	6162	2776	986	1742	17	32
地方部门属	195853	160809	105473	55336	35044	13681	19272	1857	235
省级部门属	121798	103250	64166	39084	18548	9860	8107	515	66
地市级部门属	38427	32175	23885	8290	6252	1268	4912	59	13
按机构从事的国民经济行业分布									
科学研究和技术服务业	225952	185444	118729	66715	40508	15691	22674	1877	266
研究和试验发展	159401	135174	83044	52130	24227	11230	12382	500	115
专业技术服务业	59277	44745	31306	13439	14532	4261	8964	1272	34

续表2-29

指标名称	R&D经费内部支出	日常性支出	人员劳务费	其他日常性支出	资产性支出	土建费	仪器与设备支出	资本化的计算机软件支出	专利和专有技术支出
科技推广和应用服务业	7273	5525	4379	1145	1749	199	1328	105	117
按机构服务的国民经济行业分布									
农、林、牧、渔业	107274	90898	53609	37289	16376	7410	8656	204	105
农业	72265	62054	35361	26693	10211	4254	5789	101	67
林业	17255	14814	9280	5534	2441	720	1622	89	10
畜牧业	4304	1465	1299	166	2840	2197	613	10	20
渔业	2783	2427	1200	1227	356	—	356	—	—
农、林、牧、渔专业及辅助性活动	10667	10139	6469	3670	528	239	276	5	8
采矿业	1337	1056	817	238	281	281	—	—	—
开采专业及辅助性活动	890	890	689	201	—	—	—	—	—
其他采矿业	447	166	128	37	281	281	—	—	—
制造业	8010	4862	2119	2743	3148	2344	793	7	4
农副食品加工业	2263	2252	1128	1124	11	—	8	—	3
化学原料和化学制品制造业	1710	484	348	136	1226	1013	207	5	1
医药制造业	4022	2111	628	1483	1911	1331	579	2	—
计算机、通信和其他电子设备制造业	16	16	15	1	—	—	—	—	—
建筑业	405	405	355	49	—	—	—	—	—
土木工程建筑业	405	405	355	49	—	—	—	—	—
科学研究和技术服务业	98499	79291	54688	24603	19208	5655	11757	1639	157
研究和试验发展	44729	34650	21531	13119	10080	4184	5886	7	2
专业技术服务业	44983	38154	27761	10394	6828	1409	4039	1343	38
科技推广和应用服务业	8787	6487	5397	1090	2300	62	1832	290	117
水利、环境和公共设施管理业	8861	7419	6382	1037	1442	—	1419	23	—
水利管理业	2147	1983	1901	82	164	—	161	3	—
生态保护和环境治理业	6714	5436	4481	955	1278	—	1258	20	—
教育	209	209	169	41	—	—	—	—	—
教育	209	209	169	41	—	—	—	—	—

续表2-29

指标名称	R&D经费内部支出	日常性支出	人员劳务费	其他日常性支出	资产性支出	土建费	仪器与设备支出	资本化的计算机软件支出	专利和专有技术支出
文化、体育和娱乐业	1358	1305	589	716	53	—	49	3	—
体育	1358	1305	589	716	53	—	49	3	—
按机构所属学科分布									
自然科学领域	43014	35724	23061	12663	7290	3207	3984	64	35
信息科学与系统科学	114	114	97	17	—	—	—	—	—
化学	2478	1009	771	238	1469	1283	186	—	—
天文学	150	150	120	30	—	—	—	—	—
地球科学	22758	19885	14003	5882	2872	1086	1736	47	4
生物学	17515	14566	8070	6496	2949	838	2062	17	32
农业科学领域	102262	87750	53915	33835	14513	6668	7471	258	116
农学	74109	65531	39591	25940	8578	3751	4612	130	86
林学	17717	15267	9656	5611	2450	720	1631	89	10
畜牧、兽医科学	7560	4432	3401	1031	3128	2197	871	40	20
水产学	2876	2520	1266	1254	356	—	356	—	—
医学科学领域	23088	14818	9399	5419	8270	3570	4699	2	—
预防医学与公共卫生学	7638	4388	1872	2516	3250	—	3250	—	—
药学	4022	2111	628	1483	1911	1331	579	2	—
中医学与中药学	11429	8320	6899	1421	3109	2239	871	—	—
工程科学与技术领域	41499	32919	25233	7686	8580	904	6213	1348	115
工程与技术科学基础学科	151	121	110	12	30	15	14	—	2
自然科学相关工程与技术	9844	8240	5264	2976	1604	—	1572	—	32
测绘科学技术	9327	5316	4660	656	4011	790	1904	1316	—
矿山工程技术	5541	5532	4147	1385	9	—	9	—	—
冶金工程技术	396	396	263	133	—	—	—	—	—
核科学技术	491	431	409	21	60	—	60	—	—
电子与通信技术	16	16	15	1	—	—	—	—	—
计算机科学技术	177	177	170	7	—	—	—	—	—
化学工程	286	195	192	3	91	13	72	5	1

续表2-29

指标名称	R&D经费内部支出	日常性支出	人员劳务费	其他日常性支出	资产性支出	土建费	仪器与设备支出	资本化的计算机软件支出	专利和专有技术支出
产品应用相关工程与技术	253	253	118	135	—	—	—	—	—
食品科学技术	3397	3260	1946	1315	137	84	50	—	3
土木建筑工程	405	405	355	49	—	—	—	—	—
水利工程	880	716	569	147	164	—	161	3	—
航空、航天科学技术	1602	857	817	41	745	—	739	—	6
环境科学技术及资源科学技术	6068	5101	4586	515	968	—	968	—	—
安全科学技术	1070	1065	965	100	5	2	2	—	1
管理学	1596	839	648	191	757	—	663	24	71
社会、人文科学领域	16089	14234	7123	7111	1855	1341	307	206	—
考古学	8762	7230	2158	5073	1532	1331	201	—	—
社会学	2003	1998	1101	897	5	—	5	—	—
图书馆、情报与文献学	2126	1911	1558	353	215	—	17	198	—
教育学	1841	1791	1718	73	50	10	35	5	—
体育科学	1358	1305	589	716	53	—	49	3	—
按机构从业人员规模分									
≥1000 人	1070	1065	965	100	5	2	2	—	1
500~999 人	18446	13216	11186	2030	5230	2239	2094	897	—
300~499 人	21847	17417	12484	4933	4430	805	3220	371	33
200~299 人	34675	30178	17574	12604	4497	849	3583	30	35
100~199 人	85115	68040	39193	28847	17075	8618	8173	234	49
50~99 人	41142	34846	24670	10176	6296	1663	4177	322	134
30~49 人	15670	13258	7720	5539	2412	1230	1162	15	5
20~29 人	4344	4090	2933	1158	254	59	188	5	1
10~19 人	3129	2821	1705	1117	308	225	73	2	8
0~9 人	515	513	301	212	2	—	2	—	—

表 2-30 R&D 经费外部支出

计量单位：万元

指标名称	R&D经费外部支出	对境内研究机构支出	对境内高等学校支出	对境内企业支出	对境内其他单位支出	对境外机构支出
总计	3449	1012	1232	911	294	—
按机构所属地域分布						
湖南省	3449	1012	1232	911	294	—
长沙市	3072	916	1216	696	244	—
衡阳市	17	—	—	17	—	—
岳阳市	330	66	17	198	50	—
永州市	30	30	—	—	—	—
按机构所属隶属关系分布						
中央部门属	1980	620	1147	213	—	—
中国科学院	1980	620	1147	213	—	—
地方部门属	1469	392	85	698	294	—
省级部门属	897	169	50	483	195	—
地市级部门属	47	30	—	17	—	—
按机构从事的国民经济行业分布						
科学研究和技术服务业	3449	1012	1232	911	294	—
研究和试验发展	3254	885	1214	911	245	—
专业技术服务业	195	127	19	—	49	—
按机构服务的国民经济行业分布						
农、林、牧、渔业	2896	819	1197	685	195	—
农业	2896	819	1197	685	195	—
采矿业	12	12	—	—	—	—

续表2-30

指标名称	R&D经费外部支出	对境内研究机构支出	对境内高等学校支出	对境内企业支出	对境内其他单位支出	对境外机构支出
其他采矿业	12	12	—	—	—	—
科学研究和技术服务业	541	181	35	226	99	—
专业技术服务业	183	115	19	—	49	—
科技推广和应用服务业	358	66	17	226	50	—
按机构所属学科分布						
自然科学领域	1992	632	1147	213	—	—
化学	12	12	—	—	—	—
生物学	1980	620	1147	213	—	—
农业科学领域	917	199	50	473	195	—
农学	917	199	50	473	195	—
工程科学与技术领域	513	181	35	198	99	—
测绘科学技术	183	115	19	—	49	—
航空、航天科学技术	330	66	17	198	50	—
社会、人文科学领域	28	—	—	28	—	—
图书馆、情报与文献学	28	—	—	28	—	—
按机构从业人员规模分						
300~499人	183	115	19	—	49	—
200~299人	1980	620	1147	213	—	—
100~199人	679	111	—	423	145	—
50~99人	590	166	67	258	100	—
30~49人	17	—	—	17	—	—

表 2-31　R&D 日常性支出

计量单位：万元

指标名称	R&D日常性支出	按活动类型分			按来源分				
		基础研究	应用研究	试验发展	政府资金	企业资金	事业单位资金	国外资金	其他资金
总计	185444	31557	51630	102257	135147	14622	32577	27	3073
按机构所属地域分布									
湖南省	185444	31557	51630	102257	135147	14622	32577	27	3073
长沙市	139164	27912	41548	69705	99097	10713	27780	27	1548
株洲市	1222	—	160	1062	1027	—	195	—	—
湘潭市	7926	1292	155	6479	7437	—	489	—	—
衡阳市	3477	528	166	2783	3165	119	—	—	193
邵阳市	2243	128	246	1869	2243	—	—	—	—
岳阳市	1257	132	148	976	400	—	—	—	857
常德市	3047	94	687	2266	2802	120	66	—	58
张家界市	217	—	—	217	217	—	—	—	—
益阳市	1362	—	183	1179	1290	72	—	—	—
郴州市	3145	192	1514	1439	2983	152	10	—	—
永州市	6911	237	1188	5486	5125	—	1369	—	417
怀化市	7124	562	5319	1242	4550	—	2574	—	—
娄底市	391	89	189	113	298	—	93	—	—
湘西州	7959	390	128	7441	4513	3446	—	—	—
按机构所属隶属关系分布									
中央部门属	24635	14945	3672	6018	17085	1018	6525	8	—
中国科学院	12500	7849	2551	2099	11497	607	389	8	—
地方部门属	160809	16612	47959	96239	118062	13604	26052	19	3073
省级部门属	103250	12728	32662	57861	72568	13265	15792	19	1606
地市级部门属	32175	3580	5278	23318	28682	172	2712	—	610
按机构从事的国民经济行业分布									
科学研究和技术服务业	185444	31557	51630	102257	135147	14622	32577	27	3073
研究和试验发展	135174	28422	36887	69866	102245	8539	21291	27	3073

续表2-31

指标名称	R&D日常性支出	按活动类型分			按来源分				
		基础研究	应用研究	试验发展	政府资金	企业资金	事业单位资金	国外资金	其他资金
专业技术服务业	44745	3082	14417	27247	28802	5916	10027	—	—
科技推广和应用服务业	5525	53	327	5145	4099	167	1259	—	—
按机构服务的国民经济行业分布									
农、林、牧、渔业	90898	20851	21371	48676	69688	6431	12805	27	1947
农业	62054	18034	11070	32950	44772	4740	10758	27	1757
林业	14814	814	5422	8579	13147	1397	80	—	190
畜牧业	1465	393	386	686	224	272	968	—	—
渔业	2427	233	1804	390	1979	—	448	—	—
农、林、牧、渔专业及辅助性活动	10139	1377	2690	6072	9566	22	551	—	—
采矿业	1056	—	731	325	592	396	68	—	—
开采专业及辅助性活动	890	—	711	180	494	396	—	—	—
其他采矿业	166	—	20	146	98	—	68	—	—
制造业	4862	17	474	4371	3830	—	1033	—	—
农副食品加工业	2252	17	269	1966	1621	—	631	—	—
化学原料和化学制品制造业	484	—	—	484	83	—	401	—	—
医药制造业	2111	—	205	1906	2111	—	—	—	—
计算机、通信和其他电子设备制造业	16	—	—	16	16	—	—	—	—
建筑业	405	—	405	—	405	—	—	—	—
土木工程建筑业	405	—	405	—	405	—	—	—	—
科学研究和技术服务业	79291	10647	23281	45363	51700	7795	18671	—	1125
研究和试验发展	34650	7989	11762	14899	26787	1078	6516	—	268
专业技术服务业	38154	2658	11057	24439	20531	6717	10907	—	—
科技推广和应用服务业	6487	—	463	6024	4382	—	1248	—	857
水利、环境和公共设施管理业	7419	42	5160	2217	7419	—	—	—	—
水利管理业	1983	—	1897	86	1983	—	—	—	—
生态保护和环境治理业	5436	42	3263	2131	5436	—	—	—	—
教育	209	—	209	—	209	—	—	—	—

续表2-31

指标名称	R&D日常性支出	按活动类型分			按来源分				
		基础研究	应用研究	试验发展	政府资金	企业资金	事业单位资金	国外资金	其他资金
教育	209	—	209	—	209	—	—	—	—
文化、体育和娱乐业	1305	—	—	1305	1305	—	—	—	—
体育	1305	—	—	1305	1305	—	—	—	—
按机构所属学科分布									
自然科学领域	35724	11018	8052	16654	25282	6764	3670	8	—
信息科学与系统科学	114	—	13	101	114	—	—	—	—
化学	1009	330	20	658	735	—	274	—	—
天文学	150	10	20	120	150	—	—	—	—
地球科学	19885	1966	4840	13080	12209	6224	1452	—	—
生物学	14566	8712	3160	2694	12074	540	1944	8	—
农业科学领域	87750	14358	20253	53138	65931	6020	13564	19	2216
农学	65531	12427	11897	41207	47161	4350	11975	19	2026
林学	15267	1000	5522	8745	13600	1397	80	—	190
畜牧、兽医科学	4432	699	1030	2703	3192	272	968	—	—
水产学	2520	233	1804	483	1979	—	541	—	—
医学科学领域	14818	3268	2273	9277	13935	883	—	—	—
预防医学与公共卫生学	4388	—	—	4388	4388	—	—	—	—
药学	2111	—	205	1906	2111	—	—	—	—
中医学与中药学	8320	3268	2068	2984	7437	883	—	—	—
工程科学与技术领域	32919	1002	13502	18415	19651	955	11455	—	857
工程与技术科学基础学科	121	73	—	49	91	—	30	—	—
自然科学相关工程与技术	8240	—	2984	5256	4481	—	3759	—	—
测绘科学技术	5316	—	2040	3276	2809	119	2388	—	—
矿山工程技术	5532	—	2971	2561	2843	440	2249	—	—
冶金工程技术	396	—	396	—	—	396	—	—	—
核科学技术	431	—	287	144	—	—	431	—	—
电子与通信技术	16	—	—	16	16	—	—	—	—

续表2-31

指标名称	R&D日常性支出	按活动类型分			按来源分				
		基础研究	应用研究	试验发展	政府资金	企业资金	事业单位资金	国外资金	其他资金
计算机科学技术	177	177	—	—	177	—	—	—	—
化学工程	195	—	—	195	—	—	195	—	—
产品应用相关工程与技术	253	37	124	92	55	—	198	—	—
食品科学技术	3260	370	528	2362	2629	—	631	—	—
土木建筑工程	405	—	405	—	405	—	—	—	—
水利工程	716	200	389	126	411	—	305	—	—
航空、航天科学技术	857	—	—	857	—	—	—	—	857
环境科学技术及资源科学技术	5101	42	2928	2131	5101	—	—	—	—
安全科学技术	1065	—	450	615	150	—	915	—	—
管理学	839	103	—	736	484	—	354	—	—
社会、人文科学领域	14234	1911	7550	4774	10346	—	3888	—	—
考古学	7230	591	6199	441	3599	—	3631	—	—
社会学	1998	1290	707	—	1998	—	—	—	—
图书馆、情报与文献学	1911	—	435	1476	1654	—	256	—	—
教育学	1791	30	209	1552	1791	—	—	—	—
体育科学	1305	—	—	1305	1305	—	—	—	—
按机构从业人员规模分									
≥1000人	1065	—	450	615	150	—	915	—	—
500~999人	13216	3188	3565	6463	8652	2280	2285	—	—
300~499人	17417	1353	6593	9471	11798	707	4912	—	—
200~299人	30178	7868	8247	14063	26309	3574	288	8	—
100~199人	68040	12132	18899	37009	44882	6086	16632	19	421
50~99人	34846	4861	7714	22271	25602	1620	5238	—	2386
30~49人	13258	1128	3493	8638	11797	102	1095	—	265
20~29人	4090	618	1141	2331	3365	72	653	—	—
10~19人	2821	246	1420	1156	2148	152	522	—	—
0~9人	513	163	110	240	445	30	38	—	—

表 2-32 专利

指标名称	专利申请受理数（件）	发明专利	专利授权数（件）	发明专利	国外授权	拥有有效发明专利总数(件)	专利所有权转让及许可数（件）	专利所有权转让及许可收入（万元）
总计	595	344	420	195	17	1105	12	53
按机构所属地域分布								
湖南省	595	344	420	195	17	1105	12	53
长沙市	412	255	332	166	15	891	11	48
株洲市	8	3	4	1	—	31	—	—
湘潭市	1	1	1	—	—	—	—	—
衡阳市	16	7	7	5	1	21	—	—
邵阳市	2	—	—	—	—	—	—	—
岳阳市	35	20	23	13	—	108	—	—
常德市	26	24	3	—	1	5	—	—
益阳市	5	3	—	—	—	—	—	—
郴州市	14	3	14	1	—	3	—	—
永州市	15	6	4	1	—	7	—	—
怀化市	9	6	3	—	—	14	—	—
娄底市	49	15	28	7	—	24	1	5
湘西州	3	1	1	1	—	1	—	—
按机构所属隶属关系分布								
中央部门属	102	79	66	59	1	236	8	25
中国科学院	31	30	22	19	1	107	—	—
地方部门属	493	265	354	136	16	869	4	29
省级部门属	268	158	214	93	15	607	3	24
地市级部门属	128	67	66	20	1	94	1	5
按机构从事的国民经济行业分布								
科学研究和技术服务业	595	344	420	195	17	1105	12	53
研究和试验发展	501	305	340	174	17	975	12	53
专业技术服务业	72	32	74	20	—	87	—	—
科技推广和应用服务业	22	7	6	1	—	43	—	—
按机构服务的国民经济行业分布								
农、林、牧、渔业	352	236	234	129	15	699	9	30
农业	250	186	180	105	15	513	8	25

续表2-32

指标名称	专利申请受理数（件）	发明专利	专利授权数（件）	发明专利	国外授权	拥有有效发明专利总数(件)	专利所有权转让及许可数（件）	专利所有权转让及许可收入（万元）
林业	22	15	11	9	—	84	—	—
畜牧业	14	5	3	1	—	22	—	—
渔业	5	1	4	—	—	12	—	—
农、林、牧、渔专业及辅助性活动	61	29	36	14	—	68	1	5
采矿业	4	4	4	4	—	9	—	—
开采专业及辅助性活动	4	4	4	4	—	4	—	—
其他采矿业	—	—	—	—	—	5	—	—
制造业	18	7	12	3	—	77	1	4
农副食品加工业	5	5	2	2	—	39	1	4
化学原料和化学制品制造业	6	—	4	—	—	31	—	—
医药制造业	7	2	6	1	—	7	—	—
建筑业	1	1	—	—	—	1	—	—
土木工程建筑业	1	1	—	—	—	1	—	—
科学研究和技术服务业	184	93	140	58	2	312	2	20
研究和试验发展	74	42	55	33	2	140	2	20
专业技术服务业	63	29	64	16	—	82	—	—
科技推广和应用服务业	47	22	21	9	—	90	—	—
水利、环境和公共设施管理业	36	3	30	1	—	7	—	—
水利管理业	30	—	25	—	—	1	—	—
生态保护和环境治理业	6	3	5	1	—	6	—	—
按机构所属学科分布								
自然科学领域	49	42	37	29	1	192	—	—
信息科学与系统科学	4	2	2	2	—	36	—	—
化学	1	—	1	—	—	7	—	—
地球科学	10	7	8	4	—	17	—	—
生物学	34	33	26	23	1	132	—	—
农业科学领域	354	229	232	127	16	629	11	49
农学	310	205	213	117	16	505	11	49
林学	22	15	12	9	—	84	—	—
畜牧、兽医科学	17	8	3	1	—	28	—	—
水产学	5	1	4	—	—	12	—	—

续表2-32

指标名称	专利申请受理数（件）	发明专利	专利授权数（件）	发明专利	国外授权	拥有有效发明专利总数(件)	专利所有权转让及许可数（件）	专利所有权转让及许可收入（万元）
医学科学领域	31	12	25	5	—	32	—	—
药学	7	2	6	1	—	7	—	—
中医学与中药学	24	10	19	4	—	25	—	—
工程科学与技术领域	154	57	121	29	—	235	1	4
工程与技术科学基础学科	2	—	1	—	—	3	—	—
自然科学相关工程与技术	25	12	30	6	—	22	—	—
测绘科学技术	4	4	5	5	—	6	—	—
冶金工程技术	4	4	4	4	—	4	—	—
化学工程	5	—	3	—	—	29	—	—
产品应用相关工程与技术	11	—	11	—	—	2	—	—
食品科学技术	6	6	7	2	—	57	1	4
土木建筑工程	1	1	—	—	—	1	—	—
水利工程	36	6	25	—	—	15	—	—
航空、航天科学技术	29	14	17	7	—	75	—	—
环境科学技术及资源科学技术	6	3	5	1	—	6	—	—
安全科学技术	11	3	10	3	—	6	—	—
管理学	14	4	3	1	—	9	—	—
社会、人文科学领域	7	4	5	5	—	17	—	—
图书馆、情报与文献学	1	1	1	1	—	1	—	—
教育学	6	3	4	4	—	16	—	—
按机构从业人员规模分								
≥1000 人	11	3	10	3	—	6	—	—
500~999 人	25	11	22	7	—	28	—	—
300~499 人	41	15	46	10	—	29	—	—
200~299 人	48	39	34	25	1	190	—	—
100~199 人	225	128	151	88	10	404	8	25
50~99 人	172	108	111	36	3	269	1	5
30~49 人	48	32	37	24	3	135	3	24
20~29 人	7	—	3	—	—	30	—	—
10~19 人	6	4	3	1	—	2	—	—
0~9 人	12	4	3	1	—	12	—	—

表 2-33　论文、著作及其他科技产出

指标名称	科技论文（篇）	国外发表	科技著作（种）	形成国家或行业标准数（项）	集成电路布图设计登记数（件）	植物新品种权授予数（项）	软件著作权数（件）	新药证书数（件）
总计	2833	463	127	151	—	71	158	—
按机构所属地域分布								
湖南省	2833	463	127	151	—	71	158	—
长沙市	2383	436	105	124	—	49	120	—
株洲市	16	—	—	1	—	—	—	—
湘潭市	27	4	1	—	—	—	—	—
衡阳市	80	—	4	5	—	3	—	—
邵阳市	10	—	3	—	—	—	—	—
岳阳市	42	7	6	1	—	4	—	—
常德市	71	3	2	12	—	14	2	—
张家界市	2	—	—	—	—	—	—	—
益阳市	10	—	—	—	—	—	—	—
郴州市	21	—	—	8	—	—	—	—
永州市	35	—	3	—	—	—	8	—
怀化市	25	—	—	—	—	—	—	—
娄底市	66	11	2	—	—	—	28	—
湘西州	45	2	1	—	—	1	—	—
按机构所属隶属关系分布								
中央部门属	362	228	3	5	—	1	4	—
中国科学院	219	148	2	4	—	1	3	—
地方部门属	2471	235	124	146	—	70	154	—
省级部门属	1746	213	93	79	—	52	84	—
地市级部门属	320	21	15	27	—	18	33	—
按机构从事的国民经济行业分布								
科学研究和技术服务业	2833	463	127	151	—	71	158	—
研究和试验发展	2212	459	114	86	—	71	111	—
专业技术服务业	585	3	11	64	—	—	47	—
科技推广和应用服务业	36	1	2	1	—	—	—	—

续表2-33

指标名称	科技论文（篇）	国外发表	科技著作（种）	形成国家或行业标准数（项）	集成电路布图设计登记数（件）	植物新品种权授予数（项）	软件著作权数（件）	新药证书数（件）
按机构服务的国民经济行业分布								
农、林、牧、渔业	1150	355	57	68	—	67	83	—
农业	719	304	24	47	—	49	35	—
林业	168	21	6	14	—	18	3	—
畜牧业	62	9	8	5	—	—	—	—
渔业	28	1	10	—	—	—	—	—
农、林、牧、渔专业及辅助性活动	173	20	9	2	—	—	45	—
采矿业	32	1	1	1	—	—	—	—
开采专业及辅助性活动	13	—	—	—	—	—	—	—
其他采矿业	19	1	1	1	—	—	—	—
制造业	90	7	2	13	—	1	—	—
农副食品加工业	28	7	—	8	—	1	—	—
化学原料和化学制品制造业	11	—	—	2	—	—	—	—
医药制造业	49	—	2	3	—	—	—	—
专用设备制造业	2	—	—	—	—	—	—	—
建筑业	3	—	—	—	—	—	—	—
土木工程建筑业	3	—	—	—	—	—	—	—
科学研究和技术服务业	1419	83	56	68	—	3	70	—
研究和试验发展	809	51	50	6	—	3	17	—
专业技术服务业	554	31	6	61	—	—	53	—
科技推广和应用服务业	56	1	—	1	—	—	—	—
水利、环境和公共设施管理业	106	12	6	1	—	—	5	—
水利管理业	49	4	3	1	—	—	5	—
生态保护和环境治理业	57	8	3	—	—	—	—	—
教育	1	—	3	—	—	—	—	—
教育	1	—	3	—	—	—	—	—
卫生和社会工作	27	4	2	—	—	—	—	—
卫生	27	4	2	—	—	—	—	—

续表2-33

指标名称	科技论文（篇）	国外发表	科技著作（种）	形成国家或行业标准数（项）	集成电路布图设计登记数（件）	植物新品种权授予数（项）	软件著作权数（件）	新药证书数（件）
文化、体育和娱乐业	5	1	—	—	—	—	—	—
体育	5	1	—	—	—	—	—	—
按机构所属学科分布								
自然科学领域	491	163	10	15	—	1	15	—
信息科学与系统科学	6	—	—	—	—	—	4	—
化学	26	1	1	10	—	—	—	—
天文学	9	—	—	—	—	—	—	—
地球科学	223	13	4	1	—	—	8	—
生物学	227	149	5	4	—	1	3	—
农业科学领域	1003	221	56	70	—	69	89	—
农学	718	188	31	49	—	51	86	—
林学	173	21	6	14	—	18	3	—
畜牧、兽医科学	83	11	9	7	—	—	—	—
水产学	29	1	10	—	—	—	—	—
医学科学领域	297	36	12	3	—	—	—	—
预防医学与公共卫生学	25	4	3	—	—	—	—	—
药学	49	—	2	3	—	—	—	—
中医学与中药学	223	32	7	—	—	—	—	—
工程科学与技术领域	511	42	9	63	—	1	54	—
工程与技术科学基础学科	23	—	—	2	—	—	7	—
自然科学相关工程与技术	96	1	1	24	—	—	24	—
测绘科学技术	127	21	—	3	—	—	15	—
矿山工程技术	12	—	—	—	—	—	—	—
核科学技术	6	—	—	—	—	—	—	—
电子与通信技术	6	—	—	—	—	—	—	—
化学工程	8	—	—	1	—	—	—	—
产品应用相关工程与技术	14	—	1	—	—	—	—	—
食品科学技术	52	8	—	21	—	1	—	—

续表2-33

指标名称	科技论文（篇）	国外发表	科技著作（种）	形成国家或行业标准数（项）	集成电路布图设计登记数（件）	植物新品种权授予数（项）	软件著作权数（件）	新药证书数（件）
土木建筑工程	3	—	—	—	—	—	—	—
水利工程	49	4	3	1	—	—	5	—
航空、航天科学技术	—	—	—	1	—	—	—	—
环境科学技术及资源科学技术	31	8	1	—	—	—	—	—
安全科学技术	80	—	3	10	—	—	3	—
管理学	4	—	—	—	—	—	—	—
社会、人文科学领域	531	1	40	—	—	—	—	—
考古学	61	—	7	—	—	—	—	—
社会学	277	—	11	—	—	—	—	—
图书馆、情报与文献学	39	—	—	—	—	—	—	—
教育学	149	—	22	—	—	—	—	—
体育科学	5	1	—	—	—	—	—	—
按机构从业人员规模分								
≥1000 人	80	—	3	10	—	—	3	—
500~999 人	320	32	7	2	—	—	4	—
300~499 人	263	5	6	26	—	—	41	—
200~299 人	343	172	5	9	—	18	3	—
100~199 人	1086	154	61	22	—	20	29	—
50~99 人	451	72	25	44	—	32	63	—
30~49 人	202	23	17	37	—	1	15	—
20~29 人	65	—	3	1	—	—	—	—
10~19 人	13	4	—	—	—	—	—	—
0~9 人	10	1	—	—	—	—	—	—

表 2-34　对外科技服务

指标名称	合计	科技成果的示范性推广工作	为用户提供可行性报告、技术方案、建议及进行技术论证等技术咨询工作	地形、地质和水文考察、天文、气象和地震的日常观察	为社会和公众提供的检验、检疫、测试、标准化、计量、计算、质量控制和专利服务	科技信息文献服务	提供孵化、平台搭建等科技服务活动	科学普及	其他科技服务活动
总计	4022	836	810	280	934	176	113	379	494
按机构所属地域分布									
湖南省	4022	836	810	280	934	176	113	379	494
长沙市	2653	406	643	232	807	119	65	160	221
株洲市	55	15	3	—	17	5	3	5	7
湘潭市	102	19	16	4	19	6	8	13	17
衡阳市	116	40	21	—	13	13	—	10	19
邵阳市	70	44	5	—	2	4	—	12	3
岳阳市	207	84	11	5	5	2	7	21	72
常德市	85	33	6	—	2	3	5	17	19
张家界市	12	—	—	—	—	—	—	11	1
益阳市	96	25	8	—	6	3	5	23	26
郴州市	81	27	8	1	28	3	1	7	6
永州市	213	70	24	16	11	8	4	47	33
怀化市	133	40	—	—	—	—	—	44	49
娄底市	84	16	21	3	5	8	7	7	17
湘西州	115	17	44	19	19	2	8	2	4
按机构所属隶属关系分布									
中央部门属	194	80	24	33	14	6	6	17	14
中国科学院	60	26	3	17	8	—	—	1	5
地方部门属	3828	756	786	247	920	170	107	362	480
省级部门属	2039	296	552	79	616	60	50	142	244
地市级部门属	1067	252	152	151	160	42	34	138	138
按机构从事的国民经济行业分布									
科学研究和技术服务业	4022	836	810	280	934	176	113	379	494
研究和试验发展	2020	621	313	177	192	90	67	260	300
专业技术服务业	1540	41	457	97	727	77	15	41	85
科技推广和应用服务业	462	174	40	6	15	9	31	78	109

续表2-34

指标名称	合计	科技成果的示范性推广工作	为用户提供可行性报告、技术方案、建议及进行技术论证等技术咨询工作	地形、地质和水文考察、天文、气象和地震的日常观察	为社会和公众提供的检验、检疫、测试、标准化、计量、计算、质量控制和专利服务	科技信息文献服务	提供孵化、平台搭建等科技服务活动	科学普及	其他科技服务活动
按机构服务的国民经济行业分布									
农、林、牧、渔业	1705	585	454	50	93	43	48	208	224
农业	803	407	71	27	29	16	24	100	129
林业	643	90	358	23	19	11	4	85	53
畜牧业	44	15	3	—	—	7	10	5	4
渔业	55	16	5	—	21	3	1	3	6
农、林、牧、渔专业及辅助性活动	160	57	17	—	24	6	9	15	32
采矿业	105	—	18	10	12	56	2	3	4
开采专业及辅助性活动	85	—	15	10	1	56	—	2	1
其他采矿业	20	—	3	—	11	—	2	1	3
制造业	138	19	6	—	92	2	7	3	9
农副食品加工业	26	3	2	—	8	—	2	3	8
化学原料和化学制品制造业	31	1	4	—	22	1	3	—	—
医药制造业	65	—	—	—	62	1	2	—	—
计算机、通信和其他电子设备制造业	16	15	—	—	—	—	—	—	1
建筑业	20	—	15	—	3	—	—	—	2
土木工程建筑业	20	—	15	—	3	—	—	—	2
科学研究和技术服务业	1936	206	290	214	726	73	53	141	233
研究和试验发展	286	64	40	14	47	26	5	42	48
专业技术服务业	1271	51	193	191	669	22	9	42	94
科技推广和应用服务业	379	91	57	9	10	25	39	57	91
水利、环境和公共设施管理业	62	11	17	6	8	2	3	8	7
水利管理业	45	8	12	6	6	1	1	6	5
生态保护和环境治理业	17	3	5	—	2	1	2	2	2
教育	5	—	5	—	—	—	—	—	—
教育	5	—	5	—	—	—	—	—	—

续表2-34

指标名称	合计	科技成果的示范性推广工作	为用户提供可行性报告、技术方案、建议及进行技术论证等技术咨询工作	地形、地质和水文考察、天文、气象和地震的日常观察	为社会和公众提供的检验、检疫、测试、标准化、计量、计算、质量控制和专利服务	科技信息文献服务	提供孵化、平台搭建等科技服务活动	科学普及	其他科技服务活动
卫生和社会工作	51	15	5	—	—	—	—	16	15
卫生	51	15	5	—	—	—	—	16	15
按机构所属学科分布									
自然科学领域	581	70	107	83	131	86	14	34	56
信息科学与系统科学	51	2	5	—	—	17	2	6	19
化学	88	2	12	—	56	3	5	3	7
天文学	13	1	3	4	1	—	4	—	—
地球科学	336	28	80	64	49	66	2	23	24
生物学	93	37	7	15	25	—	1	2	6
农业科学领域	1918	666	488	43	97	49	50	243	282
农学	1087	514	115	14	46	27	30	133	208
林学	685	110	363	27	19	11	5	88	62
畜牧、兽医科学	90	26	5	2	11	8	14	19	5
水产学	56	16	5	—	21	3	1	3	7
医学科学领域	164	17	11	—	72	13	6	22	23
预防医学与公共卫生学	52	15	5	—	—	—	—	17	15
药学	65	—	—	—	62	1	2	—	—
中医学与中药学	47	2	6	—	10	12	4	5	8
工程科学与技术领域	1189	43	161	154	630	12	29	61	99
工程与技术科学基础学科	77	5	11	10	25	7	2	6	11
信息与系统科学相关工程与技术	5	—	—	—	—	—	—	—	5
自然科学相关工程与技术	107	7	11	—	40	—	—	5	44
测绘科学技术	264	8	79	135	16	1	—	19	6
矿山工程技术	2	2	—	—	—	—	—	—	—
核科学技术	18	2	—	—	12	—	—	4	—
电子与通信技术	60	—	12	—	38	—	—	—	10

续表2-34

指标名称	合计	科技成果的示范性推广工作	为用户提供可行性报告、技术方案、建议及进行技术论证等技术咨询工作	地形、地质和水文考察、天文、气象和地震的日常观察	为社会和公众提供的检验、检疫、测试、标准化、计量、计算、质量控制和专利服务	科技信息文献服务	提供孵化、平台搭建等科技服务活动	科学普及	其他科技服务活动
化学工程	5	1	—	—	2	1	1	—	—
产品应用相关工程与技术	390	—	5	—	384	—	—	1	—
食品科学技术	126	4	5	—	102	—	2	5	8
土木建筑工程	20	—	15	—	3	—	—	—	2
水利工程	45	8	12	6	6	1	1	6	5
航空、航天科学技术	2	—	—	—	—	—	—	2	—
环境科学技术及资源科学技术	17	3	5	—	2	1	2	2	2
安全科学技术	5	1	—	—	—	1	—	1	2
管理学	46	2	6	3	—	—	21	10	4
社会、人文科学领域	170	40	43	—	4	16	14	19	34
语言学	7	—	—	—	—	—	—	—	7
考古学	15	1	7	—	—	—	—	5	2
图书馆、情报与文献学	104	15	25	—	2	12	14	11	25
教育学	44	24	11	—	2	4	—	3	—
按机构从业人员规模分									
≥1000 人	5	1	—	—	—	1	—	1	2
500~999 人	404	8	335	19	12	14	4	4	8
300~499 人	829	27	103	169	459	2	2	41	26
200~299 人	188	58	41	17	19	5	6	6	36
100~199 人	1222	369	157	53	244	89	32	154	124
50~99 人	654	175	87	11	88	25	30	74	164
30~49 人	393	120	50	2	90	12	18	47	54
20~29 人	92	14	13	4	17	9	2	17	16
10~19 人	157	47	21	2	5	17	15	12	38
0~9 人	78	17	3	3	—	2	4	23	26

第三部分　高等学校

表 3-1 高等学校基本情况(2016—2020 年)

指标	计量单位	2016	2017	2018	2019	2020
各级学校单位数						
普通高等学校	所	109	109	109	110	114
中等职业教育学校	所	460	467	472	487	494
专任教师数						
普通高等学校	万人	6.87	7.02	7.27	7.65	7.96
普通中等学校	万人	2.56	2.70	2.90	3.10	3.24
在校学生数						
普通本专科	万人	122.47	127.32	132.68	140.71	151.03
普通中等学校	万人	66.09	68.65	65.82	67.00	68.30
各级学校招生数						
普通高等学校	万人	37.62	39.16	41.62	45.61	48.92
中等职业教育学校	万人	25.13	25.02	22.91	25.35	24.82
各级学校毕业生数						
普通高等学校	万人	31.61	33.28	34.76	36.19	37.60
中等职业教育学校	万人	19.96	19.49	20.45	20.99	20.79

表 3-2 高等学校 R&D 人员情况(2020 年)

指标名称	单位数(个)	有 R&D 活动单位(个)	R&D 人员(人)		R&D 人员折合全时当量(人年)
				全时人员	
总计	207	205	53418	20257	24103
一、按隶属关系分组					
中央	5	5	11658	7785	7645
地方	202	200	41760	12472	16459
二、按地市分组					
长沙市	95	94	30776	13067	14903
株洲市	13	13	1966	360	563
湘潭市	17	17	6690	1863	2791
衡阳市	19	19	4728	2353	2367
邵阳市	7	7	804	244	305
岳阳市	8	8	579	252	296
常德市	10	10	1574	329	576
张家界市	3	3	136	57	63
益阳市	5	5	1525	454	526
郴州市	6	6	839	178	250
永州市	6	6	1084	184	309
怀化市	8	8	1075	437	555
娄底市	6	5	521	164	218
湘西州	4	4	1121	315	380

表 3-3　高等学校按活动类型分 R&D 经费情况(2020 年)

计量单位：万元

指标名称	R&D 经费内部支出	基础研究	应用研究	试验发展
总计	817361	246003	511797	59560
一、按隶属关系分组				
中央	270024	86848	150779	32397
地方	547337	159156	361018	27163
二、按地市分组				
长沙市	484389	155936	287498	40955
株洲市	47276	4336	39900	3041
湘潭市	57306	16472	37775	3059
衡阳市	108996	41981	58885	8130
邵阳市	8424	3552	4672	201
岳阳市	23085	720	21075	1290
常德市	16745	6410	10227	108
张家界市	1127	563	564	0
益阳市	22389	2205	19018	1166
郴州市	10505	1406	8818	281
永州市	11259	4990	6243	26
怀化市	10124	1954	7093	1077
娄底市	8066	1616	6436	14
湘西州	7669	3862	3593	214

表 3-4　高等学校按支出用途分 R&D 经费情况(2020 年)

计量单位：万元

指标名称	R&D 经费内部支出	日常性支出	人员劳务费	资产性支出	仪器和设备
总计	817361	672475	281338	144886	92547
一、按隶属关系分组					
中央	270024	233908	92227	36116	19848
地方	547337	438566	189111	108770	72699
二、按地市分组					
长沙市	484389	414845	178637	69545	42360
株洲市	47276	45491	6615	1785	1676
湘潭市	57306	49846	22730	7460	6461
衡阳市	108996	64801	45409	44195	29176
邵阳市	8424	6880	2596	1545	1199
岳阳市	23085	18785	4001	4300	863
常德市	16745	9791	2219	6955	4043
张家界市	1127	775	427	352	112
益阳市	22389	20769	2933	1620	1300
郴州市	10505	9402	1149	1103	1103
永州市	11259	9611	4510	1647	1647
怀化市	10124	6365	3305	3760	2020
娄底市	8066	8042	3513	24	22
湘西州	7669	7073	3293	596	564

表 3-5　高等学校按经费来源分 R&D 经费情况(2020 年)

计量单位：万元

指标名称	R&D 经费内部支出	政府资金	企业资金	境外资金	其他资金
总计	817361	500295	283838	292	32935
一、按隶属关系分组					
中央	270024	157084	103532	185	9223
地方	547337	343211	180306	107	23712
二、按地市分组					
长沙市	484389	327358	138992	292	17747
株洲市	47276	34630	12641	—	5
湘潭市	57306	37126	18028	—	2152
衡阳市	108996	65242	33756	—	9997
邵阳市	8424	3736	4646	—	42
岳阳市	23085	4091	18930	—	64
常德市	16745	4580	11770	—	395
张家界市	1127	1039	67	—	22
益阳市	22389	4974	17384	—	32
郴州市	10505	1668	8725	—	111
永州市	11259	2675	8404	—	179
怀化市	10124	5498	2762	—	1865
娄底市	8066	1342	6708	—	15
湘西州	7669	6336	1024	—	309

表 3-6 高等学校 R&D 经费外部支出情况(2020 年)

计量单位：万元

指标名称	R&D 经费外部支出	对境内研究机构支出	对境内高等学校支出	对境内企业支出	对境外支出
总计	48626	16768	15617	13967	1155
一、按隶属关系分组					
中央	38176	13830	13314	9722	982
地方	10450	2939	2303	4245	173
二、按地市分组					
长沙市	42258	15038	14806	10832	1155
株洲市	4594	1511	685	2398	—
湘潭市	801	183	43	574	—
衡阳市	875	36	41	108	—
邵阳市	4	—	—	2	—
岳阳市	3	—	3	—	—
常德市	—	—	—	—	—
张家界市	—	—	—	—	—
益阳市	—	—	—	—	—
郴州市	9	—	9	—	—
永州市	—	—	—	—	—
怀化市	82	—	30	52	—
娄底市	—	—	—	—	—
湘西州	—	—	—	—	—

表 3-7　高等学校 R&D 产出情况(2020 年)

计量单位：件

指标名称	专利申请数	发明专利	专利授权数	发明专利	有效发明专利数
总计	15069	7116	12830	4388	16449
一、按隶属关系分组					
中央	3828	3036	3655	2414	8241
地方	11241	4080	9175	1974	8208
二、按地市分组					
长沙市	7454	4372	6556	3081	11359
株洲市	1286	631	1368	147	436
湘潭市	1757	965	1414	608	2446
衡阳市	1237	403	817	201	496
邵阳市	491	38	447	30	299
岳阳市	127	25	122	25	143
常德市	487	204	380	104	276
张家界市	317	58	244	11	50
益阳市	285	120	299	70	162
郴州市	154	20	167	6	109
永州市	216	113	175	30	68
怀化市	912	81	559	40	89
娄底市	188	66	140	18	116
湘西州	158	20	142	17	400

第四部分　工业企业

表 4-1　规模以上工业企业科技活动情况（2020 年）

指标	计量单位	合计	大型	中型	小型	微型
企业基本情况						
工业企业个数	个	18239	164	1557	14566	1952
#有 R&D 活动的企业个数	个	7969	140	1044	6501	284
R&D 人员	人	175153	49376	42530	81059	2188
#女性	人	38979	10255	9906	18338	480
#全时人员	人	128587	36006	31098	59812	1671
R&D 活动情况						
R&D 人员全时当量	人年	121470	34890	29514	55615	1451
R&D 经费内部支出	万元	6645286	2278835	1442651	2845457	78344
按经费来源分						
政府资金	万元	264140	215195	18205	30228	512
企业资金	万元	6376335	2063639	1423006	2811859	77831
境外资金	万元	802	—	—	802	—
其他	万元	4010	1	1440	2568	—
按支出用途分						
日常性支出	万元	6453552	2214250	1387440	2775471	76391
#人员劳务费	万元	1849153	747086	426957	654687	20423
资产性支出	万元	191734	64585	55211	69986	1952
R&D 经费外部支出	万元	243259	106229	39870	86477	10683
新产品开发及生产情况						
新产品开发项目数	项	26253	2733	5376	17555	589
新产品开发经费支出	万元	7509542	2719663	1570002	3126232	93646
新产品销售收入	万元	83879023	37044757	20094100	25403549	1336618
#出口	万元	5907820	4227171	992336	651784	36529
专利情况						
专利申请数	件	36209	9296	7903	18417	593
有效发明专利数	件	39805	14331	7678	17129	667
发表科技论文	篇	3020	2065	531	417	7
拥有注册商标数	件	23123	10206	4687	7863	367

表 4-2 规模以上工业企业 R&D 人员情况(2020 年)

类别	有 R&D 活动的单位数(个)	R&D 人员(人)	全时人员	R&D 人员全时当量(人年)
总计	7969	175153	128587	121470
按企业规模分组				
大型	140	49376	36006	34890
中型	1044	42530	31098	29514
小型	6501	81059	59812	55615
微型	284	2188	1671	1451
按登记注册类型分组				
内资企业	7735	157143	114391	108856
国有	36	2555	1359	1888
集体	12	207	172	145
股份合作	3	52	40	31
国有联营	1	10	9	10
集体联营	—	—	—	—
国有与集体联营	3	37	26	24
其他联营	—	—	—	—
国有独资公司	80	9339	5834	6069
其他有限责任公司	748	25792	19313	18555
股份有限公司	159	13955	9928	10166
私营独资	132	1031	710	700
私营合伙	56	414	282	230
私营有限责任公司	6177	93140	68392	62982
私营股份有限公司	327	10583	8301	8031
其他内资	1	28	25	26
港澳台商投资	126	12670	10445	8827
外商投资	108	5340	3751	3786
按地区分组				
长沙市	1539	55966	44255	39950
株洲市	564	17575	14161	11411

续表4-2

类别	有 R&D 活动的单位数(个)	R&D 人员(人)	全时人员	R&D 人员全时当量(人年)
湘潭市	655	14831	9997	10898
衡阳市	812	15479	11308	10934
邵阳市	679	7773	5195	4850
岳阳市	455	10258	6750	6107
常德市	648	11553	8504	7860
张家界市	104	936	676	690
益阳市	566	9386	6446	6435
郴州市	405	7805	5789	5454
永州市	603	8575	5618	5880
怀化市	406	5569	3626	4110
娄底市	464	8300	5360	6113
湘西州	69	1147	902	778
按工业行业大类分组				
煤炭开采和洗选业	32	681	585	522
黑色金属矿采选业	7	121	89	81
有色金属矿采选业	40	1121	668	799
非金属矿采选业	88	1194	759	793
其他采矿业	—	—	—	—
农副食品加工业	690	8515	5966	5759
食品制造业	257	5981	3641	4059
酒、饮料和精制茶制造业	242	3049	2245	1846
烟草制品业	4	314	58	193
纺织业	118	2567	1829	1785
纺织服装、服饰业	96	1454	1119	1002
皮革、毛皮、羽毛及其制品和制鞋业	247	3492	2136	2224
木材加工和木、竹、藤、棕、草制品业	192	2138	1519	1388
家具制造业	76	735	502	467
造纸和纸制品业	85	1253	898	921

续表4-2

类别	有 R&D 活动的单位数(个)	R&D 人员(人)	全时人员	R&D 人员全时当量(人年)
印刷和记录媒介复制业	110	1663	1223	1094
文教、工美、体育和娱乐用品制造业	120	1976	1372	1308
石油加工、炼焦和核燃料加工业	41	826	521	540
化学原料和化学制品制造业	644	9217	6375	6296
医药制造业	275	6332	4669	4686
化学纤维制造业	9	256	188	138
橡胶和塑料制品业	229	2921	2230	1928
非金属矿物制品业	1010	14146	10352	9990
黑色金属冶炼和压延加工业	53	4218	1739	3153
有色金属冶炼和压延加工业	217	7730	5310	5557
金属制品业	496	7692	5361	5245
通用设备制造业	504	10454	7623	7456
专用设备制造业	499	17899	13888	11626
汽车制造业	205	7251	5542	5307
铁路、船舶、航空航天和其他运输设备、制造业	110	8075	6741	4606
电气机械和器材制造业	454	10275	8118	7262
计算机、通信和其他电子设备制造业	465	23478	19633	17334
仪器仪表制造业	98	2431	1997	1898
其他制造业	39	1590	1093	1431
废弃资源综合利用业	67	765	602	497
金属制品、机械和设备修理业	4	313	215	182
电力、热力生产和供应业	94	2250	1231	1519
燃气生产和供应业	17	340	233	240
水的生产和供应业	35	440	317	340

表 4-3　规模以上工业企业按经费来源分 R&D 经费内部支出情况(2020 年)

计量单位：万元

项目	R&D 经费内部支出	政府资金	企业资金	境外资金	其他
总计	6645286	264140	6376335	802	4010
按企业规模分组					
大型	2278835	215195	2063639	—	1
中型	1442651	18205	1423006	—	1440
小型	2845457	30228	2811859	802	2568
微型	78344	512	77831	—	—
按登记注册类型分组					
内资企业	6198729	260062	5933857	802	4010
国有	71252	11868	59298	—	86
集体	3966	8	3958	—	—
股份合作	3431	—	3431	—	—
国有联营	556	—	556	—	—
集体联营	—	—	—	—	—
国有与集体联营	1603	—	1603	—	—
其他联营	—	—	—	—	—
国有独资公司	409205	109962	299205	—	38
其他有限责任公司	952954	31078	921413	—	462
股份有限公司	657528	70824	585619	—	1084
私营独资	33521	27	33494	—	—
私营合伙	11999	1	11998	—	—
私营有限责任公司	3725941	28147	3694702	802	2290
私营股份有限公司	326155	8137	317969	—	49
其他内资	620	10	610	—	—
港澳台商投资	230785	2427	228358	—	—
外商投资	215772	1652	214120	—	—
按地区分组					
长沙市	2107737	67052	2040661	24	—

续表4-3

项目	R&D 经费内部支出	政府资金	企业资金	境外资金	其他
株洲市	739542	155266	583054	—	1223
湘潭市	487837	13810	473867	—	161
衡阳市	448378	3970	443620	33	755
邵阳市	258283	1090	257192	—	1
岳阳市	551020	1892	549128	—	—
常德市	532331	5371	525003	745	1212
张家界市	32305	663	31642	—	—
益阳市	300014	3836	295904	—	275
郴州市	279822	3159	276476	—	187
永州市	317603	1503	316100	—	—
怀化市	284224	3521	280529	—	174
娄底市	273430	2037	271393	—	—
湘西州	32760	971	31767	—	22
按工业行业大类分组					
煤炭开采和洗选业	9890	47	9843	—	—
黑色金属矿采选业	1759	27	1733	—	—
有色金属矿采选业	31061	244	30817	—	—
非金属矿采选业	41523	90	41401	33	—
其他采矿业	—	—	—	—	—
农副食品加工业	306442	2886	303467	—	88
食品制造业	139707	1806	137527	24	350
酒、饮料和精制茶制造业	95384	1008	94305	—	71
烟草制品业	11025	—	11025	—	—
纺织业	76531	843	75688	—	—
纺织服装、服饰业	47730	38	47692	—	—
皮革、毛皮、羽毛及其制品和制鞋业	98075	99	97976	—	—
木材加工和木、竹、藤、棕、草制品业	87511	483	86840	—	188
家具制造业	30326	99	30226	—	—

续表4-3

项目	R&D经费内部支出	政府资金	企业资金	境外资金	其他
造纸和纸制品业	52248	15	52233	—	—
印刷和记录媒介复制业	52720	182	52537	—	—
文教、工美、体育和娱乐用品制造业	48500	435	48064	—	—
石油加工、炼焦和核燃料加工业	36645	177	36468	—	—
化学原料和化学制品制造业	302366	2347	300009	—	10
医药制造业	240548	5219	234584	745	—
化学纤维制造业	12598	72	12526	—	—
橡胶和塑料制品业	119446	1128	118318	—	—
非金属矿物制品业	417055	2334	413651	—	1071
黑色金属冶炼和压延加工业	201096	2888	198208	—	—
有色金属冶炼和压延加工业	274367	4631	269736	—	—
金属制品业	324083	2140	321634	—	310
通用设备制造业	388676	16239	372197	—	241
专用设备制造业	1233740	24823	1208916	—	1
汽车制造业	263928	2681	261158	—	89
铁路、船舶、航空航天和其他运输设备制造业	398781	116123	282658	—	—
电气机械和器材制造业	351950	3729	348222	—	—
计算机、通信和其他电子设备制造业	662402	63471	597856	—	1074
仪器仪表制造业	63384	1934	61412	—	38
其他制造业	52516	5441	46988	—	86
废弃资源综合利用业	42089	135	41955	—	—
金属制品、机械和设备修理业	3048	—	3048	—	—
电力、热力生产和供应业	92653	223	92036	—	394
燃气生产和供应业	15714	4	15710	—	—
水的生产和供应业	17771	99	17672	—	—

表 4-4 规模以上工业企业按支出用途分 R&D 经费内部支出情况(2020 年)

计量单位：万元

类别	R&D 经费内部支出	日常性支出	人员劳务费	资产性支出
总计	6645286	6453552	1849153	191734
按企业规模分组				
大型	2278835	2214250	747086	64585
中型	1442651	1387440	426957	55211
小型	2845457	2775471	654687	69986
微型	78344	76391	20423	1952
按登记注册类型分组				
内资企业	6198729	6017337	1706966	181392
国有	71252	59647	23582	11604
集体	3966	3946	2206	19
股份合作	3431	3431	522	—
国有联营	556	556	45	—
集体联营	—	—	—	—
国有与集体联营	1603	1453	369	151
其他联营	—	—	—	—
国有独资公司	409205	382545	100305	26660
其他有限责任公司	952954	912647	279551	40307
股份有限公司	657528	644712	221096	12816
私营独资	33521	33039	7061	482
私营合伙	11999	11689	3013	311
私营有限责任公司	3725941	3656457	948604	69484
私营股份有限公司	326155	306596	120143	19559
其他内资	620	620	470	—
港澳台商投资	230785	223855	79957	6930
外商投资	215772	212360	62229	3411
按地区分组				
长沙市	2107737	2036870	757477	70867

续表4-4

类别	R&D经费内部支出	日常性支出	人员劳务费	资产性支出
株洲市	739542	714283	238865	25260
湘潭市	487837	470192	131916	17646
衡阳市	448378	427999	122804	20379
邵阳市	258283	253246	64067	5036
岳阳市	551020	546037	108557	4983
常德市	532331	523397	94961	8934
张家界市	32305	30015	7533	2290
益阳市	300014	294065	80192	5949
郴州市	279822	270940	65761	8882
永州市	317603	315781	67641	1822
怀化市	284224	277120	41515	7104
娄底市	273430	261639	61928	11791
湘西州	32760	31968	5937	792
按工业行业大类分组				
煤炭开采和洗选业	9890	9564	3944	326
黑色金属矿采选业	1759	1736	797	23
有色金属矿采选业	31061	30885	9051	176
非金属矿采选业	41523	40113	9223	1410
其他采矿业	—	—	—	—
农副食品加工业	306442	299885	71488	6557
食品制造业	139707	135752	41823	3955
酒、饮料和精制茶制造业	95384	94184	23605	1200
烟草制品业	11025	10775	6499	250
纺织业	76531	74003	20611	2528
纺织服装、服饰业	47730	46696	10212	1034
皮革、毛皮、羽毛及其制品和制鞋业	98075	97692	25633	383
木材加工和木、竹、藤、棕、草制品业	87511	86637	17687	874
家具制造业	30326	29552	5969	773

续表4-4

类别	R&D 经费内部支出	日常性支出	人员劳务费	资产性支出
造纸和纸制品业	52248	51641	11739	608
印刷和记录媒介复制业	52720	49879	11236	2840
文教、工美、体育和娱乐用品制造业	48500	48063	16661	437
石油加工、炼焦和核燃料加工业	36645	36136	8286	509
化学原料和化学制品制造业	302366	295322	83002	7044
医药制造业	240548	231265	61471	9283
化学纤维制造业	12598	12570	1533	27
橡胶和塑料制品业	119446	115836	25577	3610
非金属矿物制品业	417055	403189	107757	13866
黑色金属冶炼和压延加工业	201096	196771	64135	4325
有色金属冶炼和压延加工业	274367	261926	70840	12441
金属制品业	324083	319391	65370	4692
通用设备制造业	388676	366601	90997	22075
专用设备制造业	1233740	1216768	381705	16972
汽车制造业	263928	248061	77823	15867
铁路、船舶、航空航天和其他运输设备制造业	398781	389603	141751	9179
电气机械和器材制造业	351950	344697	79825	7253
计算机、通信和其他电子设备制造业	662402	640942	235163	21460
仪器仪表制造业	63384	60892	25450	2493
其他制造业	52516	46353	9377	6163
废弃资源综合利用业	42089	41145	7970	944
金属制品、机械和设备修理业	3048	2688	1327	360
电力、热力生产和供应业	92653	84153	15501	8500
燃气生产和供应业	15714	14581	4447	1133
水的生产和供应业	17771	17606	3672	165

表 4-5　规模以上工业企业科技活动产出情况（2020 年）

类别	新产品销售收入（万元）	出口	专利申请数（件）	有效发明专利数（件）
总计	83879023	5907820	36209	39805
按企业规模分组				
大型	37044757	4227171	9296	14331
中型	20094100	992336	7903	7678
小型	25403549	651784	18417	17129
微型	1336618	36529	593	667
按登记注册类型分组				
内资企业	73867535	2426797	34562	37604
国有	891511	282	1027	1895
集体	6265	—	38	10
股份合作	80	—	4	—
国有联营	8840	—	26	8
集体联营	—	—	—	—
国有与集体联营	1445	—	3	2
其他联营	—	—	—	—
国有独资公司	7845729	209272	1174	3130
其他有限责任公司	13738437	358489	5191	5382
股份有限公司	11812343	566843	3669	6973
私营独资	133457	4995	81	32
私营合伙	72003	—	72	19
私营有限责任公司	34759473	839013	20117	16254
私营股份有限公司	4594730	447903	3156	3894
其他内资	3223	—	4	5
港澳台商投资	4743546	3261671	1123	914
外商投资	5267941	219353	524	1287
按地区分组				
长沙市	28543469	4081572	14423	18161

续表4-5

类别	新产品销售收入（万元）	出口	专利申请数（件）	有效发明专利数（件）
株洲市	8176857	381484	5641	7988
湘潭市	7478582	73736	2076	2386
衡阳市	3594627	110766	1798	1634
邵阳市	3116014	168147	1204	559
岳阳市	7805302	78498	1509	1780
常德市	5268626	282310	2537	2469
张家界市	173044	7337	179	213
益阳市	2770889	252567	2142	1337
郴州市	4385244	99853	1141	1140
永州市	3711003	133384	1301	630
怀化市	1705312	79975	835	641
娄底市	6971014	132254	1175	679
湘西州	179041	25938	248	188
按工业行业大类分组				
煤炭开采和洗选业	92643	—	—	—
黑色金属矿采选业	35589	—	19	12
有色金属矿采选业	81854	—	127	79
非金属矿采选业	226176	252	115	44
其他采矿业	—	—	—	—
农副食品加工业	3384646	10465	1050	976
食品制造业	2042244	49291	688	538
酒、饮料和精制茶制造业	981344	68018	328	322
烟草制品业	116360	—	280	381
纺织业	1167305	49487	225	125
纺织服装、服饰业	407378	14201	237	127
皮革、毛皮、羽毛及其制品和制鞋业	637703	46039	330	231
木材加工和木、竹、藤、棕、草制品业	490655	1702	266	196

续表4-5

类别	新产品销售收入（万元）	出口	专利申请数（件）	有效发明专利数（件）
家具制造业	91609	5237	149	140
造纸和纸制品业	935858	3897	294	235
印刷和记录媒介复制业	764161	10203	333	252
文教、工美、体育和娱乐用品制造业	716330	186929	348	224
石油加工、炼焦和核燃料加工业	1152213	4070	115	258
化学原料和化学制品制造业	3365216	213262	1530	1968
医药制造业	2929330	59424	1108	1647
化学纤维制造业	52087	618	46	3
橡胶和塑料制品业	968733	6291	534	577
非金属矿物制品业	4104806	137712	2630	1817
黑色金属冶炼和压延加工业	6157350	136782	293	303
有色金属冶炼和压延加工业	5057279	99554	1085	1812
金属制品业	2020529	25163	1690	1607
通用设备制造业	4927487	140575	2697	3074
专用设备制造业	14230627	499739	6793	8225
汽车制造业	6495134	181423	1586	1505
铁路、船舶、航空航天和其他运输设备制造业	3763553	180747	2227	3321
电气机械和器材制造业	5223869	168510	2751	2730
计算机、通信和其他电子设备制造业	9542223	3589843	4099	4299
仪器仪表制造业	569808	4858	740	953
其他制造业	333590	1335	372	422
废弃资源综合利用业	226165	12192	270	234
金属制品、机械和设备修理业	17180	—	11	50
电力、热力生产和供应业	421391	—	692	998
燃气生产和供应业	90031	—	53	49
水的生产和供应业	58571	—	98	71

表 4-6 大中型工业企业科技活动情况(2020 年)

指标	计量单位	合计	大型	中型
企业基本情况				
大中型工业企业个数	个	1721	164	1557
#有 R&D 活动的企业个数	个	1184	140	1044
R&D 人员	人	91906	49376	42530
#女性	人	20161	10255	9906
#全时人员	人	67104	36006	31098
R&D 活动情况				
R&D 人员全时当量	人年	64404	34890	29514
R&D 经费内部支出	万元	3721486	2278835	1442651
按经费来源分				
政府资金	万元	233400	215195	18205
企业资金	万元	3486645	2063639	1423006
境外资金	万元	—	—	—
其他	万元	1441	1	1440
按支出用途分				
日常性支出	万元	3601690	2214250	1387440
#人员劳务费	万元	1174043	747086	426957
资产性支出	万元	119796	64585	55211
R&D 经费外部支出	万元	146099	106229	39870
新产品开发及生产情况				
新产品开发项目数	项	8109	2733	5376
新产品开发经费支出	万元	4289665	2719663	1570002
新产品销售收入	万元	57138857	37044757	20094100
#出口	万元	5219507	4227171	992336
专利情况				
专利申请数	件	17199	9296	7903
有效发明专利数	件	22009	14331	7678
发表科技论文	篇	2596	2065	531
拥有注册商标数	件	14893	10206	4687

表 4-7 大中型工业企业 R&D 人员情况（2020 年）

类别	有 R&D 活动的单位数（个）	R&D 人员（人）	全时人员	R&D 人员全时当量（人年）
总计	1184	91906	67104	64404
按企业规模分组				
大型企业	140	49376	36006	34890
中型企业	1044	42530	31098	29514
按登记注册类型分组				
内资企业	1078	76443	54797	53602
国有	16	2304	1153	1705
集体	3	106	96	71
股份合作	1	17	11	13
国有联营	—	—	—	—
集体联营	—	—	—	—
国有与集体联营	1	7	5	6
其他联营	—	—	—	—
国有独资公司	40	8709	5327	5678
其他有限责任公司	169	16572	12141	12247
股份有限公司	77	12493	8812	9149
私营独资	13	182	125	120
私营合伙	14	138	113	74
私营有限责任公司	674	29973	22181	19918
私营股份有限公司	70	5942	4833	4620
其他内资	—	—	—	—
港澳台商投资	62	11480	9621	8024
外商投资	44	3983	2686	2778
按地区分组				
长沙市	227	37416	29516	26365
株洲市	204	12924	10328	8494
湘潭市	59	7464	5177	5719

续表4-7

类别	有 R&D 活动的单位数（个）	R&D 人员（人）	全时人员	R&D 人员全时当量（人年）
衡阳市	103	6413	4498	4479
邵阳市	58	2111	1311	1284
岳阳市	113	4507	2974	2689
常德市	116	5188	3729	3767
张家界市	2	17	15	16
益阳市	79	3832	2406	2714
郴州市	52	3406	2373	2694
永州市	92	2530	1544	1589
怀化市	19	1713	941	1262
娄底市	52	4014	1975	3104
湘西州	8	371	317	228
按工业行业大类分组				
煤炭开采和洗选业	14	425	365	281
黑色金属矿采选业	2	63	55	53
有色金属矿采选业	19	934	524	656
非金属矿采选业	9	433	269	257
其他采矿业	—	—	—	—
农副食品加工业	66	2243	1482	1428
食品制造业	43	3732	1993	2559
酒、饮料和精制茶制造业	19	759	525	382
烟草制品业	3	312	58	191
纺织业	43	1685	1210	1272
纺织服装、服饰业	28	714	572	510
皮革、毛皮、羽毛及其制品和制鞋业	38	1579	850	1029
木材加工和木、竹、藤、棕、草制品业	31	519	335	357
家具制造业	6	138	80	86
造纸和纸制品业	11	316	235	261
印刷和记录媒介复制业	15	438	346	339

续表4-7

类别	有 R&D 活动的单位数（个）	R&D 人员（人）	全时人员	R&D 人员全时当量（人年）
文教、工美、体育和娱乐用品制造业	21	809	558	540
石油加工、炼焦和核燃料加工业	5	478	276	303
化学原料和化学制品制造业	94	2887	1983	2071
医药制造业	46	2911	2163	2292
化学纤维制造业	2	138	94	40
橡胶和塑料制品业	14	629	556	403
非金属矿物制品业	153	4585	3458	3408
黑色金属冶炼和压延加工业	10	3710	1417	2784
有色金属冶炼和压延加工业	43	4741	3064	3404
金属制品业	37	2067	1350	1380
通用设备制造业	63	4645	3185	3292
专用设备制造业	62	12152	9446	7718
汽车制造业	40	4833	3755	3591
铁路、船舶、航空航天和其他运输设备制造业	23	6578	5530	3568
电气机械和器材制造业	64	4870	3934	3721
计算机、通信和其他电子设备制造业	108	17694	15111	13176
仪器仪表制造业	11	840	634	703
其他制造业	9	1096	733	1029
废弃资源综合利用业	3	104	85	83
金属制品、机械和设备修理业	1	226	142	144
电力、热力生产和供应业	19	1381	574	910
燃气生产和供应业	4	143	91	102
水的生产和供应业	5	99	66	79

表 4-8　大中型工业企业按经费来源分 R&D 经费内部支出情(2020 年)

计量单位：万元

项目	R&D 经费内部支出	政府资金	企业资金	境外资金	其他
总计	3721486	233400	3486645	—	1441
按企业规模分组					
大型企业	2278835	215195	2063639	—	1
中型企业	1442651	18205	1423006	—	1440
按登记注册类型分组					
内资企业	3360698	230212	3129044	—	1441
国有	60450	10718	49646	—	86
集体	2098	—	2098	—	—
股份合作	994	—	994	—	—
国有联营	0	—	—	—	—
集体联营	—	—	—	—	—
国有与集体联营	371	—	371	—	—
其他联营	—	—	—	—	—
国有独资公司	386279	109427	276814	—	38
其他有限责任公司	608980	24772	584206	—	1
股份有限公司	617556	70138	546345	—	1074
私营独资	7294	1	7293	—	—
私营合伙	4116	—	4116	—	—
私营有限责任公司	1491319	10180	1480897	—	242
私营股份有限公司	181242	4976	176266	—	—
其他内资	—	—	—	—	—
港澳台商投资	197285	2294	194991	—	—
外商投资	163503	894	162610	—	—
按地区分组					
长沙市	1627769	53251	1574519	—	—
株洲市	606421	152227	453060	—	1134

续表4-8

项目	R&D经费内部支出	政府资金	企业资金	境外资金	其他
湘潭市	267018	12086	254932	—	—
衡阳市	205579	2218	203178	—	182
邵阳市	66556	590	65965	—	1
岳阳市	248565	709	247855	—	—
常德市	204481	2865	201578	—	38
张家界市	713	—	713	—	—
益阳市	107698	2800	104812	—	86
郴州市	88826	2165	86662	—	—
永州市	76147	301	75847	—	—
怀化市	51186	2352	48834	—	—
娄底市	159179	1381	157798	—	—
湘西州	11348	455	10894	—	—
按工业行业大类分组					
煤炭开采和洗选业	6178	15	6162	—	—
黑色金属矿采选业	713	—	713	—	—
有色金属矿采选业	21187	229	20958	—	—
非金属矿采选业	12287	42	12246	—	—
其他采矿业	—	—	—	—	—
农副食品加工业	77844	607	77237	—	—
食品制造业	70835	1167	69668	—	—
酒、饮料和精制茶制造业	28640	252	28388	—	—
烟草制品业	11000	—	11000	—	—
纺织业	45638	664	44975	—	—
纺织服装、服饰业	15372	23	15349	—	—
皮革、毛皮、羽毛及其制品和制鞋业	31080	34	31046	—	—
木材加工和木、竹、藤、棕、草制品业	18275	84	18191	—	—
家具制造业	5969	—	5969	—	—

续表4-8

项目	R&D 经费内部支出	政府资金	企业资金	境外资金	其他
造纸和纸制品业	23703	—	23703	—	—
印刷和记录媒介复制业	13637	—	13637	—	—
文教、工美、体育和娱乐用品制造业	18245	303	17942	—	—
石油加工、炼焦和核燃料加工业	22755	115	22641	—	—
化学原料和化学制品制造业	86742	677	86065	—	—
医药制造业	110125	3204	106920	—	—
化学纤维制造业	1962	—	1962	—	—
橡胶和塑料制品业	28501	169	28331	—	—
非金属矿物制品业	122312	1200	120871	—	242
黑色金属冶炼和压延加工业	176874	2867	174007	—	—
有色金属冶炼和压延加工业	151573	2556	149017	—	—
金属制品业	110905	880	110025	—	—
通用设备制造业	177354	13118	164236	—	—
专用设备制造业	1045758	21740	1024017	—	1
汽车制造业	185632	2207	183425	—	—
铁路、船舶、航空航天和其他运输设备制造业	353800	115108	238692	—	—
电气机械和器材制造业	164431	1850	162582	—	—
计算机、通信和其他电子设备制造业	451008	58379	391554	—	1074
仪器仪表制造业	21464	799	20627	—	38
其他制造业	36706	4887	31733	—	86
废弃资源综合利用业	3125	—	3125	—	—
金属制品、机械和设备修理业	1757	—	1757	—	—
电力、热力生产和供应业	59586	223	59363	—	—
燃气生产和供应业	5565	—	5565	—	—
水的生产和供应业	2950	—	2950	—	—

表 4-9　大中型工业企业按支出用途分 R&D 经费内部支出情况（2020 年）

计量单位：万元

类别	R&D 经费内部支出	日常性支出	人员劳务费	资产性支出
总计	3721486	3601690	1174043	119796
按企业规模分组				
大型企业	2278835	2214250	747086	64585
中型企业	1442651	1387440	426957	55211
按登记注册类型分组				
内资企业	3360698	3249664	1057071	111033
国有	60450	49465	19619	10986
集体	2098	2098	1612	—
股份合作	994	994	177	—
国有联营	—	—	—	—
集体联营	—	—	—	—
国有与集体联营	371	371	183	—
其他联营	—	—	—	—
国有独资公司	386279	360251	94603	26028
其他有限责任公司	608980	575248	193691	33731
股份有限公司	617556	604998	208130	12559
私营独资	7294	7261	1393	33
私营合伙	4116	3913	1161	203
私营有限责任公司	1491319	1473432	458365	17887
私营股份有限公司	181242	171635	78137	9607
其他内资	—	—	—	—
港澳台商投资	197285	190865	71391	6420
外商投资	163503	161161	45581	2342
按地区分组				
长沙市	1627769	1580854	579414	46915
株洲市	606421	587954	198925	18467

续表4-9

类别	R&D经费内部支出	日常性支出	人员劳务费	资产性支出
湘潭市	267018	251310	79706	15708
衡阳市	205579	193883	59672	11695
邵阳市	66556	63816	16927	2741
岳阳市	248565	245599	56448	2965
常德市	204481	200931	46292	3549
张家界市	713	713	156	—
益阳市	107698	105458	37482	2240
郴州市	88826	86688	32218	2139
永州市	76147	75805	20990	342
怀化市	51186	46759	9377	4427
娄底市	159179	150987	34930	8192
湘西州	11348	10933	1508	415
按工业行业大类分组				
煤炭开采和洗选业	6178	5966	2097	212
黑色金属矿采选业	713	691	368	22
有色金属矿采选业	21187	21087	7442	101
非金属矿采选业	12287	12270	3372	18
其他采矿业	—	—	—	—
农副食品加工业	77844	76771	21471	1073
食品制造业	70835	70201	25340	634
酒、饮料和精制茶制造业	28640	28505	7390	135
烟草制品业	11000	10750	6486	250
纺织业	45638	43375	14022	2263
纺织服装、服饰业	15372	15317	4443	55
皮革、毛皮、羽毛及其制品和制鞋业	31080	31036	9553	44
木材加工和木、竹、藤、棕、草制品业	18275	18036	4968	239
家具制造业	5969	5805	1334	164

续表4-9

类别	R&D经费内部支出	日常性支出	人员劳务费	资产性支出
造纸和纸制品业	23703	23352	4139	350
印刷和记录媒介复制业	13637	12988	3446	648
文教、工美、体育和娱乐用品制造业	18245	18044	8042	201
石油加工、炼焦和核燃料加工业	22755	22625	5711	130
化学原料和化学制品制造业	86742	84035	31462	2707
医药制造业	110125	105473	34474	4651
化学纤维制造业	1962	1962	496	—
橡胶和塑料制品业	28501	28183	8305	317
非金属矿物制品业	122312	116390	36488	5922
黑色金属冶炼和压延加工业	176874	173086	60007	3788
有色金属冶炼和压延加工业	151573	140831	45293	10742
金属制品业	110905	110005	23318	899
通用设备制造业	177354	160926	42955	16428
专用设备制造业	1045758	1036326	333771	9432
汽车制造业	185632	171643	55427	13989
铁路、船舶、航空航天和其他运输设备制造业	353800	345991	125434	7809
电气机械和器材制造业	164431	160377	39138	4054
计算机、通信和其他电子设备制造业	451008	435070	178101	15938
仪器仪表制造业	21464	19672	9130	1792
其他制造业	36706	30583	6330	6123
废弃资源综合利用业	3125	3123	1786	2
金属制品、机械和设备修理业	1757	1402	583	355
电力、热力生产和供应业	59586	51412	8717	8174
燃气生产和供应业	5565	5429	2304	136
水的生产和供应业	2950	2950	903	—

表 4-10　大中型工业企业科技活动产出情况（2020 年）

类别	新产品销售收入（万元）	出口	专利申请数（件）	有效发明专利数（件）
总计	57138857	5219507	17199	22009
按企业规模分组				
大型企业	37044757	4227171	9296	14331
中型企业	20094100	992336	7903	7678
按登记注册类型分组				
内资企业	48802011	1782313	16079	20267
国有	813659	282	940	1742
集体	35	—	28	7
股份合作	—	—	—	—
国有联营	—	—	—	—
集体联营	—	—	—	—
国有与集体联营	125	—	—	—
其他联营	—	—	—	—
国有独资公司	7695042	207660	1034	2788
其他有限责任公司	10189131	218021	2621	2687
股份有限公司	11236802	547208	3292	6107
私营独资	31350	—	36	12
私营合伙	39218	—	27	1
私营有限责任公司	15694095	422242	6305	4947
私营股份有限公司	3102555	386901	1796	1976
其他内资	—	—	—	—
港澳台商投资	4425278	3230147	791	686
外商投资	3911567	207047	329	1056
按地区分组				
长沙市	22334443	3912723	8162	10373
株洲市	7085650	323899	3664	5811
湘潭市	5849679	50824	876	1274

续表4-10

类别	新产品销售收入（万元）	出口	专利申请数（件）	有效发明专利数（件）
衡阳市	1945025	100515	694	668
邵阳市	1407745	91551	423	220
岳阳市	4759024	12705	480	717
常德市	2980191	182016	698	1222
张家界市	3077	—	—	—
益阳市	1259306	226043	948	609
郴州市	2240350	92671	404	583
永州市	953877	67433	277	120
怀化市	441252	44319	188	200
娄底市	5802072	114808	359	187
湘西州	77167	—	26	25
按工业行业大类分组				
煤炭开采和洗选业	59276	—	—	—
黑色金属矿采选业	9380	—	12	—
有色金属矿采选业	58113	—	101	31
非金属矿采选业	83804	252	70	15
其他采矿业	—	—	—	—
农副食品加工业	1264677	—	133	112
食品制造业	1352762	1511	215	138
酒、饮料和精制茶制造业	388939	60916	60	107
烟草制品业	116360	—	272	374
纺织业	880583	34802	116	66
纺织服装、服饰业	212970	1953	70	59
皮革、毛皮、羽毛及其制品和制鞋业	146126	25001	132	209
木材加工和木、竹、藤、棕、草制品业	145897	752	34	58
家具制造业	14624	5155	7	3
造纸和纸制品业	644900	—	96	73

续表4-10

类别	新产品销售收入（万元）	出口	专利申请数（件）	有效发明专利数（件）
印刷和记录媒介复制业	285880	3198	89	93
文教、工美、体育和娱乐用品制造业	281661	116243	189	40
石油加工、炼焦和核燃料加工业	1051658	—	67	200
化学原料和化学制品制造业	1183573	155611	308	344
医药制造业	1758409	25022	390	772
化学纤维制造业	1750	618	2	—
橡胶和塑料制品业	257137	—	45	29
非金属矿物制品业	1634928	39710	997	552
黑色金属冶炼和压延加工业	6057816	116023	227	226
有色金属冶炼和压延加工业	3058616	47351	490	1080
金属制品业	468189	20137	527	615
通用设备制造业	3071650	118739	907	1452
专用设备制造业	12618854	465963	4342	5942
汽车制造业	4923922	152662	969	972
铁路、船舶、航空航天和其他运输设备制造业	3413704	180009	1726	2776
电气机械和器材制造业	2897979	130531	1126	1303
计算机、通信和其他电子设备制造业	8008090	3513912	2328	2746
仪器仪表制造业	182242	2434	286	384
其他制造业	241886	1002	217	275
废弃资源综合利用业	35692	—	9	8
金属制品、机械和设备修理业	17180	—	8	2
电力、热力生产和供应业	301922	—	583	940
燃气生产和供应业	—	—	7	3
水的生产和供应业	7709	—	42	10

第五部分　高新技术产业

表 5-1　全省高新技术产业发展情况(2020 年)

项目	企业单位数(个)	高新技术产业总产值(亿元)	高新技术产业增加值(亿元)	高新技术产业营业收入(亿元)	出口收入	高新技术产业利税总额(亿元)	利润总额
总计	12768	34503.34	9800.31	32249.95	1309.74	2830.85	1854.84
按登记注册类型分组							
内资企业	12450	32474.38	9194.53	30227.38	888.77	2598.91	1700.80
国有	128	594.29	226.21	408.92	1.33	10.19	-4.29
集体	28	61.08	20.86	32.91	0.03	1.85	0.78
股份合作	4	6.44	1.55	6.44	0.00	0.16	0.10
国有联营	1	0.25	0.06	0.22	0.00	-0.07	-0.04
集体联营	—	—	—	—	—	—	—
国有与集体联营	—	—	—	—	—	—	—
其他联营	—	—	—	—	—	—	—
国有独资公司	188	3164.50	936.15	3002.65	39.98	168.41	80.29
其他有限责任公司	2031	9449.38	2729.68	8469.47	131.41	698.38	462.85
股份有限公司	499	2726.83	865.27	2867.92	63.30	361.32	209.90
私营独资	95	105.47	31.59	100.73	3.16	7.82	5.72
私营合伙	48	37.35	12.49	31.29	1.13	2.39	1.75
私营有限责任公司	8689	15027.80	4006.49	14054.40	577.26	1218.96	852.45
私营股份有限公司	493	1177.43	314.68	1125.70	71.15	111.56	74.50
其他内资	246	123.56	49.50	126.73	0.00	17.94	16.81
港澳台商投资企业	170	980.65	340.25	1031.22	363.76	155.49	119.73
外商投资企业	148	1048.30	265.52	991.35	57.22	76.45	34.32
按企业规模分组							
大型企业	351	13316.95	3853.49	12691.91	823.48	1204.41	742.19
中型企业	1820	8827.98	2569.23	8065.30	226.85	772.65	528.40
按高新技术领域分组							
电子信息技术	1918	3303.70	1220.74	3300.19	398.40	359.20	265.88
生物与新医药技术	2422	5111.19	1368.43	4765.75	132.40	424.10	298.63
航空航天技术	173	265.96	84.15	239.72	15.59	16.40	8.75
新材料技术	2652	7625.28	1978.54	7067.37	206.14	498.76	264.41
高技术服务业	1253	2213.67	760.05	2063.48	31.25	161.01	96.80
新能源与节能技术	512	1088.50	295.10	927.53	16.06	93.73	63.63
资源与环境技术	783	1501.96	409.79	1398.29	14.87	117.29	71.74
先进制造与自动化	2485	8601.58	2183.64	8099.10	441.67	899.36	631.04
其他领域	570	4791.48	1499.87	4388.51	53.37	261.01	153.96

表 5-2 高新技术产业发展情况按地区分组(2020 年)

项目	企业单位数(个)	高新技术产业总产值(亿元)	高新技术产业增加值(亿元)	高新技术产业营业收入(亿元)	出口收入	高新技术产业利税总额(亿元)	利润总额
全省	12768	34503.34	9800.31	32249.95	1309.74	2830.85	1854.84
按地区分组							
长沙市	3695	12090.67	3509.10	11777.27	632.24	1373.54	939.24
株洲市	972	2843.07	873.85	2503.50	119.07	225.08	144.86
湘潭市	608	3025.28	846.17	2671.62	193.59	111.85	62.65
衡阳市	782	1793.21	591.81	1581.06	51.47	123.89	76.41
邵阳市	1082	1584.68	446.95	1541.11	86.41	99.61	72.01
岳阳市	961	3780.75	945.84	3435.12	36.85	297.29	145.96
常德市	1087	2002.53	479.37	1894.31	42.64	162.17	112.76
张家界市	117	67.57	23.12	64.92	1.11	4.77	2.86
益阳市	740	1795.72	429.11	1692.81	38.94	103.13	73.79
郴州市	772	1860.80	605.76	1714.91	44.87	93.97	60.71
永州市	853	1298.28	369.41	1031.15	31.60	48.03	34.74
怀化市	552	814.10	284.03	752.35	8.93	51.99	33.62
娄底市	380	1395.69	347.11	1442.24	15.94	124.99	89.55
湘西州	167	150.99	48.67	147.56	6.10	10.53	5.68

表 5-3 高新技术企业当年认定数按地区分组(2016—2020 年)

计量单位：个

地区	2016 年	2017 年	2018 年	2019 年	2020 年
全省	870	1591	2202	2494	3935
按地区分组					
长沙市	464	789	1108	1202	1842
株洲市	75	150	182	217	326
湘潭市	61	88	132	176	211
衡阳市	49	79	81	111	222
邵阳市	38	39	56	68	185
岳阳市	35	102	117	138	212
常德市	37	64	104	112	149
张家界市	26	15	20	20	37
益阳市	16	63	63	101	147
郴州市	21	62	77	72	132
永州市	19	30	72	70	141
怀化市	17	48	91	113	164
娄底市	9	43	63	59	114
湘西州	3	19	36	35	53

表 5-4　高新技术企业数按地区分组(2016—2020 年)

计量单位：个

地区	2016 年	2017 年	2018 年	2019 年	2020 年
全省	2212	3153	4660	6287	8631
按地区分组					
长沙市	1111	1596	2359	3099	4151
株洲市	212	289	407	549	726
湘潭市	147	192	280	396	519
衡阳市	92	142	197	271	415
邵阳市	44	72	114	163	309
岳阳市	136	192	270	357	466
常德市	114	142	206	280	365
张家界市	5	18	38	55	77
益阳市	99	127	160	227	311
郴州市	77	114	163	211	281
永州市	48	69	123	172	283
怀化市	40	76	156	252	368
娄底市	60	84	123	165	236
湘西州	27	40	64	90	124

表 5-5　高新技术产业总产值按地区分组(2016—2020 年)

计量单位：亿元

地区	2016 年	2017 年	2018 年	2019 年	2020 年
全省	24584.00	28496.23	28833.05	32089.87	34503.34
按地区分组					
长沙市	9569.20	11440.45	10200.36	11250.53	12090.67
株洲市	2101.20	2059.67	2160.22	2477.71	2843.07
湘潭市	2300.30	2498.03	2610.38	2916.54	3025.28
衡阳市	1402.30	1543.39	1490.80	1683.96	1793.21
邵阳市	1098.50	1363.74	1613.66	1696.91	1584.68
岳阳市	2797.50	2752.47	3009.71	3607.22	3780.75
常德市	1037.40	1464.57	1447.07	1680.79	2002.53
张家界市	31.50	43.49	45.83	62.01	67.57
益阳市	1071.40	1274.73	1533.69	1657.32	1795.72
郴州市	1537.90	1561.12	1647.11	1683.56	1860.80
永州市	651.20	928.49	1212.57	1270.05	1298.28
怀化市	204.80	527.30	640.11	803.61	814.10
娄底市	713.40	963.26	1118.97	1184.84	1395.69
湘西州	67.40	75.54	102.56	114.83	150.99

表 5-6 高新技术产业增加值按地区分组(2016—2020 年)

计量单位：亿元

地区	2016 年	2017 年	2018 年	2019 年	2020 年
全省	6859.2	8120.0	8468.1	9472.9	9800.3
按地区分组					
长沙市	2868.0	3510.2	3319.2	3624.0	3509.1
株洲市	623.6	666.9	654.4	810.6	873.9
湘潭市	609.9	656.2	730.2	853.1	846.2
衡阳市	380.7	437.1	473.7	551.0	591.8
邵阳市	262.5	318.5	400.7	420.3	446.9
岳阳市	610.6	617.2	716.9	857.6	945.8
常德市	259.9	353.4	354.8	408.4	479.4
张家界市	9.5	14.0	17.9	21.5	23.1
益阳市	273.8	317.2	371.2	395.7	429.1
郴州市	539.1	562.9	576.2	576.0	605.8
永州市	177.4	256.9	356.6	367.0	369.4
怀化市	63.2	170.6	214.5	270.0	284.0
娄底市	163.6	218.8	245.0	279.2	347.1
湘西州	17.3	20.0	36.7	38.4	48.7

表 5-7 高新技术产业增加值占 GDP 的比重按地区分组(2016—2020 年)

计量单位：%

地区	2016 年	2017 年	2018 年	2019 年	2020 年
全省	21.74	23.95	23.25	23.83	23.46
按地区分组					
长沙市	30.65	34.38	30.17	31.31	28.90
株洲市	25.06	26.36	24.87	26.99	28.14
湘潭市	32.67	32.73	33.79	37.79	36.11
衡阳市	13.27	14.96	15.55	16.34	16.87
邵阳市	17.15	19.57	22.48	19.52	19.86
岳阳市	19.69	19.78	21.02	22.69	23.64
常德市	8.80	11.40	10.45	11.27	12.79
张家界市	1.93	2.61	3.09	3.90	4.15
益阳市	18.34	19.70	21.11	22.08	23.15
郴州市	24.46	25.84	24.09	23.89	24.20
永州市	11.29	15.54	19.75	18.20	17.53
怀化市	4.55	12.17	14.17	16.70	16.99
娄底市	11.70	15.49	15.90	17.02	20.66
湘西州	3.26	3.47	6.07	5.44	6.71

第六部分　科技成果产出

表 6-1　专利申请及授权数(2016—2020 年)

项目	计量单位	2016 年	2017 年	2018 年	2019 年	2020 年
专利申请数	件	67779	77934	94503	106113	137415
发明专利申请数	件	25524	31365	35414	39104	55017
专利授权数	件	34050	37916	48957	54685	78723
发明专利授权数	件	6967	7909	8261	8479	11537
有效发明拥有数	件	27863	34774	40684	46736	56285
万人有效发明专利拥有数	件/万人	4. 11	5. 09	5. 93	6. 77	8. 14
PCT 数量	件	208	169	304	480	624

表 6-2　专利申请数按地区分组(2016—2020 年)

计量单位：件

地区	2016 年	2017 年	2018 年	2019 年	2020 年
全省	67779	77934	94503	106113	137415
按地区分组					
长沙市	29758	37050	41034	42002	50828
株洲市	7594	7476	8675	9731	10804
湘潭市	4107	4523	5436	6316	8469
衡阳市	4645	5087	6838	7717	10940
邵阳市	2786	3194	4940	6406	8167
岳阳市	2801	2801	3831	4263	7167
常德市	2795	3557	4949	5924	10482
张家界市	570	697	937	1055	1141
益阳市	2944	3405	4088	5363	5335
郴州市	2201	2572	3128	3649	4389
永州市	3162	2810	3605	4754	7089
怀化市	1443	1820	3209	4708	5460
娄底市	1574	1871	2730	3107	5623
湘西州	1377	1054	1088	1066	1498

表 6-3 发明专利申请数按地区分组(2016—2020 年)

计量单位：件

地区	2016 年	2017 年	2018 年	2019 年	2020 年
全省	25524	31365	35414	39104	55017
按地区分组					
长沙市	13796	18048	18479	17550	18762
株洲市	2738	2709	3518	3920	4229
湘潭市	1775	2175	2437	2905	4144
衡阳市	1478	1640	2282	3052	4998
邵阳市	392	466	686	1215	2993
岳阳市	557	607	864	830	2311
常德市	914	1247	1607	2389	6271
张家界市	192	219	304	361	440
益阳市	739	896	1083	1433	1513
郴州市	609	914	874	888	817
永州市	1188	1032	1224	1940	3144
怀化市	412	597	1377	1812	2415
娄底市	290	309	453	625	2737
湘西州	436	495	226	175	242

表 6-4 专利授权数按地区分组(2016—2020 年)

计量单位：件

地区	2016 年	2017 年	2018 年	2019 年	2020 年
全省	34050	37916	48957	54685	78723
按地区分组					
长沙市	14960	17170	21188	22504	33012
株洲市	3726	3728	4983	5282	7385
湘潭市	2388	2315	2972	2873	4205
衡阳市	2266	2666	3330	3833	4894
邵阳市	1522	1766	2734	3818	4383
岳阳市	1621	1782	2251	2463	4155
常德市	1326	1592	2258	2673	3891
张家界市	273	348	363	444	723
益阳市	1517	1551	2180	2720	3749
郴州市	1065	1216	1646	2016	3019
永州市	1126	1246	1615	1718	3062
怀化市	625	886	1224	1919	2839
娄底市	1093	1143	1679	1781	2571
湘西州	533	497	529	630	820

表 6-5　发明专利授权数按地区分组(2016—2020 年)

计量单位：件

地区	2016 年	2017 年	2018 年	2019 年	2020 年
全省	6967	7909	8261	8479	11537
按地区分组					
长沙市	4215	4873	4823	5226	7120
株洲市	836	919	1141	1230	1323
湘潭市	484	577	647	575	816
衡阳市	259	331	344	292	394
邵阳市	96	86	76	76	183
岳阳市	189	215	205	170	244
常德市	216	163	205	273	551
张家界市	32	34	25	23	45
益阳市	125	160	188	158	240
郴州市	122	194	195	151	163
永州市	103	82	71	66	117
怀化市	31	67	106	108	151
娄底市	91	106	110	79	137
湘西州	167	101	125	50	53

表 6-6　有效发明专利数按地区分组(2016—2020 年)

计量单位：件

地区	2016 年	2017 年	2018 年	2019 年	2020 年
全省	27863	34774	40684	46736	56285
按地区分组					
长沙市	16885	20701	23983	27662	33623
株洲市	3233	4087	5082	6066	7070
湘潭市	1749	2208	2721	3201	3853
衡阳市	843	1193	1468	1623	1947
邵阳市	253	335	387	439	619
岳阳市	837	1499	1614	1621	1912
常德市	1200	1248	1383	1605	2109
张家界市	138	159	158	172	205
益阳市	666	877	1027	1143	1308
郴州市	651	728	888	1001	1120
永州市	487	584	631	705	786
怀化市	213	304	426	568	688
娄底市	313	414	494	545	675
湘西州	394	435	422	381	368

表 6-7　万人有效发明专利拥有数按地区分组(2016—2020 年)

计量单位：件/万人

地区	2016 年	2017 年	2018 年	2019 年	2020 年
全省	4.11	5.10	5.93	6.77	8.14
按地区分组					
长沙市	22.72	27.08	30.29	33.92	40.05
株洲市	8.08	10.18	12.64	15.09	17.55
湘潭市	6.19	7.78	9.54	11.17	13.37
衡阳市	1.15	1.64	2.04	2.24	2.67
邵阳市	0.35	0.46	0.52	0.60	0.85
岳阳市	1.49	2.64	2.82	2.80	3.31
常德市	2.05	2.14	2.37	2.75	3.65
张家界市	0.91	1.04	1.03	1.12	1.32
益阳市	1.51	1.98	2.34	2.59	2.96
郴州市	1.38	1.55	1.88	2.11	2.36
永州市	0.90	1.07	1.15	1.29	1.44
怀化市	0.43	0.62	0.86	1.14	1.38
娄底市	0.81	1.06	1.26	1.39	1.71
湘西州	1.50	1.65	1.60	1.44	1.39

表 6-8　技术市场成交合同数(2016—2020 年)

计量单位：项

项目	2016 年	2017 年	2018 年	2019 年	2020 年
总计	3976	5723	6044	9023	11741
技术开发合同	2223	2191	1597	2177	2577
技术转让合同	207	221	204	230	245
技术服务合同	196	611	3453	5831	8006
技术咨询合同	1350	2700	790	785	913

表 6-9　技术市场技术输出地域（合同数）按地区分组（2016—2020 年）

计量单位：项

地区	2016 年	2017 年	2018 年	2019 年	2020 年
全省	3980	5723	6044	9023	11741
按地区分组					
长沙市	2538	3496	3814	5225	7232
株洲市	187	326	385	567	582
湘潭市	145	602	439	621	709
衡阳市	57	163	145	310	485
邵阳市	5	22	32	69	81
岳阳市	94	286	298	345	385
常德市	55	67	160	541	574
张家界市	7	7	16	52	72
益阳市	78	127	284	395	249
郴州市	159	228	146	177	180
永州市	22	21	15	270	815
怀化市	367	285	266	350	179
娄底市	20	25	21	23	79
湘西州	23	54	23	78	119

表 6-10　技术市场成交额（2016—2020 年）

计量单位：万元

项目	2016 年	2017 年	2018 年	2019 年	2020 年
总计	1056246.93	2031127.87	2816663.59	4906932.45	7359497.10
#技术交易额	501469.39	1256049.65	1614738.75	1917149.28	2769302.92
技术开发合同	229994.36	301719.46	348479.49	1048327.16	943527.79
#技术交易额	200280.40	261003.65	295922.61	430218.31	522063.51
技术转让合同	92938.09	244471.43	134316.29	103858.43	107209.44
#技术交易额	85100.31	236137.55	128775.01	99323.03	99002.24
技术服务合同	62153.80	66447.19	2235884.32	3624186.28	6209058.84
#技术交易额	35828.92	36272.48	1120566.99	1307484.34	2074173.78
技术咨询合同	671160.68	1418489.79	97983.50	130560.57	99701.03
#技术交易额	180259.76	722635.97	69474.14	80123.60	74063.40

表 6-11　技术市场技术输出地域(合同金额)按地区分组(2016—2020 年)

计量单位：亿元

地区	2016 年	2017 年	2018 年	2019 年	2020 年
全省	105.63	203.11	281.67	490.69	735.95
按地区分组					
长沙市	19.91	102.53	145.18	233.82	338.64
株洲市	30.58	35.20	55.67	105.61	150.82
湘潭市	25.00	26.27	33.67	65.66	117.75
衡阳市	5.07	5.75	7.33	12.59	18.09
邵阳市	2.50	3.25	4.33	7.09	9.60
岳阳市	0.22	3.27	4.89	7.76	13.05
常德市	8.42	8.60	15.24	24.83	35.11
张家界市	0.58	0.63	0.63	1.82	3.90
益阳市	2.66	3.57	4.25	7.68	11.41
郴州市	3.57	7.29	2.24	8.57	12.17
永州市	0.42	1.33	1.64	4.28	9.04
怀化市	3.08	3.81	4.62	7.16	10.22
娄底市	0.59	1.27	1.55	2.80	4.66
湘西州	0.16	0.34	0.43	1.03	1.50

表 6-12　科技成果情况(2016—2020 年)

计量单位：项

项目	2016 年	2017 年	2018 年	2019 年	2020 年
项目基本情况					
登记项目数	694	704	664	814	532
#基础理论成果	28	18	1	6	2
软科学成果	17	11	14	32	35
应用技术成果	649	675	649	776	495
#鉴定项目数	204	42	26	27	9
奖励项目数	—	—	—	—	—
项目计划管理情况					
国家计划项目	96	51	28	25	23
省部计划项目	242	220	92	87	92
计划外项目	356	433	544	702	417
应用成果水平					
国际首创或领先	23	13	10	11	11
国际先进	63	45	28	35	30
国内首创或领先	166	86	71	76	43
国内先进	66	35	25	33	11
其他	331	496	515	621	400

表 6-13　湖南省获国家级科技奖励情况（2016—2020 年）

计量单位：项

年份	国家科技进步奖				国家技术发明奖				国家自然科学奖	国家奖总数
	特等	一等	二等	合计	一等	二等	三等	合计		
2016	1	1	10	12	—	2	—	2	1(二)等	15
2017	—	2	20	22	—	3	—	3	1(二)等	26
2018	—	4	14	18	1	6	—	7	2(二)等	27
2019	1	3	19	23	—	5	—	5	3(二)等	31
2020	—	1	12	13	—	1	—	1	1(二)等	15
合计	2	11	75	88	1	17	0	18	8	114

表 6-14　湖南省获奖成果情况（2016—2020 年）

计量单位：项

年份	省科技进步奖					省技术发明奖				省自然科学奖				奖励成果总数
	特等	一等	二等	三等	合计	一等	二等	三等	合计	一等	二等	三等	合计	
2016	—	16	48	74	138	5	7	9	21	9	16	20	45	204
2017	—	16	56	82	154	4	4	6	14	9	15	17	41	209
2018	1	15	47	85	148	6	8	8	22	8	17	23	48	218
2019	—	16	67	97	180	7	10	9	26	7	31	36	74	280
2020	—	14	52	86	152	7	8	8	23	9	41	33	83	258
合计	1	77	270	424	772	29	37	40	106	42	120	129	291	1169

图书在版编目(CIP)数据

湖南科技统计年鉴. 2021 / 湖南省科学技术厅, 湖南省统计局编. —长沙: 中南大学出版社, 2022. 4

ISBN 978-7-5487-4848-9

Ⅰ. ①湖… Ⅱ. ①湖… ②湖… Ⅲ. ①科技统计—湖南—2021—年鉴 Ⅳ. ①G322. 764-66

中国版本图书馆 CIP 数据核字(2022)第 042423 号

湖南科技统计年鉴 2021

湖南省科学技术厅 编
湖 南 省 统 计 局

□出 版 人 吴湘华
□责任编辑 刘锦伟
□责任印制 唐　曦
□出版发行 中南大学出版社
社址: 长沙市麓山南路　邮编: 410083
发行科电话: 0731-88876770　传真: 0731-88710482
□印　　装 湖南省众鑫印务有限公司

□开　　本 880 mm×1230 mm 1/16 □印张 13 □字数 395 千字
□版　　次 2022 年 4 月第 1 版 □印次 2022 年 4 月第 1 次印刷
□书　　号 ISBN 978-7-5487-4848-9
□定　　价 180. 00 元